Ingeniería eléctrica · Teoría de Circuitos · *Ing. Miguel D'Addario*

ISBN-13: 978-1541392410

ISBN-10: 1541392418

Ingeniería eléctrica
Teoría de circuitos

Ing. Miguel D'Addario

Ingeniería eléctrica · Teoría de Circuitos · *Ing. Miguel D'Addario*

Primera edición
CE
2017

Índice

Introducción a la Teoría de Circuitos / 15

Nociones básicas / 27
    Electromagnetismo. Teoría de circuitos
    Magnitudes eléctricas básicas:
        Carga eléctrica. Corriente eléctrica I **28**
        Velocidad de desplazamiento. Acuerdo de polaridad. Tensión / Diferencia de potencial / Voltaje. Resistencia. Energía disipada I **31**
        Ley de Joule. Ley de Ohm I **36**
        Fórmula resistencia R. Fórmula de conductividad
    Circuitos eléctricos I **38**
        Ley de Kirchhoff. 1ª Ley. Divisor de intensidad. Segunda Ley de Kirchhoff. Divisor de tensión. Elementos pasivos. Elementos ideales I **42**
        Detalles en los circuitos. Componentes de un circuito eléctrico. Conexiones de los circuitos. Serie. Paralelo. Estrella. Triángulo I **44**
        Corriente en mallas. Tensiones en los nudos
        Asociación Resistencias. R equivalente
        Asociación resistencias en serie. Resistencias en paralelo I **46**
        Condensadores. Capacidad. Tipos de condensadores. Relación Voltaje / Intensidad en un Condensador. Potencia del Condensador I **49**
        Asociación de condensadores en serie. Asociación de condensadores en paralelo I **53**
    Bobinas I **55**
        Potencia. Energía I **57**
        Asociación de bobinas en serie. Asociación de bobinas en paralelo I **58**
    Elementos activos I **60**
        Fuentes de tensión. Fuentes reales
    Rendimiento de fuente real. Fuentes de intensidad I **62**

Corriente Continua en régimen estacionario / 65
    Análisis de circuitos en Corriente Continua
    Para obtener las ecuaciones necesarias
        Pasos que se deben seguir I **66**
    Voltaje. Intensidad I **67**
        Procedimiento 1 de corrientes de malla I **69**

Ingeniería eléctrica · Teoría de Circuitos · *Ing. Miguel D'Addario*

        Procedimiento 2 de corrientes de malla
        Procedimiento 3 de corrientes de malla **/ 70**
Procedimiento matriz 1 **/ 71**
        Matriz de coeficientes simétrica
Procedimiento matriz 2
        Matriz de coeficientes simétrica **/ 72**
Transformaciones de las fuentes 1 **/ 73**
Transformaciones de fuentes 2 **/ 74**
Transformaciones de fuentes 3 **/ 75**
Teoremas de circuitos **/ 77**
        Principio de superposición
        Teorema de Thévenin. Cálculo de Thévenin **/ 79**
        Procedimiento 1
        Procedimiento 2 **/ 80**
        Teorema de Norton **/ 81**
        Equivalente Thévenin fuente dependiente 1 **/ 82**
        Equivalente Thévenin fuente dependiente 2 **/ 83**
        Equivalente Thévenin fuente dependiente 3 **/ 84**
        Teorema de Millman
        Transferencia de potencia máxima **/ 85**

Régimen transitorio en circuitos de CC */ 88*
    Régimen transitorio
        Primer orden
    Tipos de respuestas **/ 89**
        La respuesta natural: un circuito RL 1
        La respuesta natural: circuito RL 2 **/ 90**
        La respuesta natural: circuito RL 3 **/ 92**
        Respuesta natural: circuito RL 4 **/ 93**
        Respuesta de escalón en circuito RL 1
        Respuesta de escalón en circuito RL 2 **/ 95**
        Respuesta natural: Circuito RC **/ 96**
        Respuesta de escalón en circuito RC **/ 97**
        Respuesta natural de un circuito RLC serie 1 **/ 99**
        Respuesta natural de circuito RLC serie 2 **/ 101**
        Respuesta natural de circuito RLC serie 3 **/ 102**

Corriente alterna */ 103*
    Fundamentos
    Corriente alterna periódica
    Corriente alterna senoidal análisis **/ 104**
        Análogamente para la intensidad **/ 105**
        Ventajas de una corriente alterna senoidal

Significado físico de valor eficaz / **108**
Circuitos en Corriente alterna / **110**
   Notación fasorial / **111**
   Coordenadas cartesianas / **113**
   Coordenadas polares Cambio de coordenadas.
   Fórmula de Euler
   Circuitos resistivos. Circuitos inductivos / **115**
   Circuitos capacitivos / **119**
   Impedancia. Impedancia y reactancia / **122**
   Leyes de Kirchhoff en corriente alterna / **124**
   Circuitos RLC en CA / **126**
Para cualquier elemento en CA
   La impedancia. La admitancia / **127**
   En forma binómica. Reactancia inductiva
   Reactancia capacitiva / **128**
   Teoremas de circuitos en CA
Potencia en Corriente Alterna / **129**
   Potencia instantánea / **130**
   Potencia activa (promedio) y reactiva
   Potencias circuitos puramente inductivos / **132**
   Potencias circuitos puramente capacitivos / **133**
   El factor de potencia / **134**
   Potencia aparente o compleja / **135**
   Triángulo de potencia / **136**
   Corrección del factor de potencia
   Factor de potencia (FP): cos φ (entre 0 y 1) / **137**
   Normalmente FP en atraso (motores, inducción)
Filtros / **138**
   Filtro pasa-baja. Filtro pasa-alta / **139**
   Filtro pasa banda. Filtro rechazo de banda / **140**

Sistemas trifásicos / *143*
   Sistemas trifásicos
   Definición de un sistema trifásico equilibrado / **144**
   Desfase uniforme de 120° / **145**
   Notación de un sistema trifásico equilibrado / **146**
      Notación de ondas
      Notación fasorial. Diagrama fasorial
   Secuencias / **148**
      Secuencia directa. Secuencia indirecta
   Conceptos fundamentales. Conexión en estrella Y / **150**
      Tensiones e intensidades de fase en Y / **151**
      Tensiones e intensidades de línea en Y / **153**

Secuencias directa-indirecta conexión en Y / **157**
Directa. Inversa.
Tensión línea adelanta 30° respecto a fase / **158**
Tensión de línea retrasa 30° respecto a fase
Tensión del neutro en conexión estrella / **159**
Conexión en triángulo Δ / **162**
Tensiones e intensidades de fase en Δ / **163**
Tensiones e intensidades de línea en Δ / **165**
Secuencias directa-indirecta conexión en Δ / **169**
Directa
Intensidad de línea retrasa 30° respecto a fase
Inversa
Intensidad línea retrasa 30° respecto a fase / **170**
Comparativa entre Y Δ / **171**
Cargas equilibradas. Conversión Y-Δ / **173**
Elementos de Δ en función de Y / **175**
Elementos de Y en función de Δ
Circuito equivalente / **177**
Análisis de sistemas desequilibrados / **179**
Cargas en circuito Estrella / **180**
Potencia en sistemas trifásicos equilibrados
Comparación de potencias entre Y-Δ / **182**
Potencia en trifásica desequilibrada / **184**
Vatímetro / **185**
Medida de la potencia trifásica
1 Vatímetro / **186**
Método de Aron / **187**
En el caso de trifásica equilibrada / **188**
3 Vatímetros

Ejercicios y problemas / *190*
Problemas circuitos corriente alterna
Problemas circuitos de corriente continua / **200**
Problemas transitorios en corriente continua / **208**
Problemas teoría de circuitos / **210**
Problemas circuitos trifásicos / **226**

Tabla Unidades y Magnitudes electromagnéticas / *236*

Bibliografía / *237*

Autor

Miguel D'Addario es ingeniero industrial (UNC), con orientación eléctrica. Es técnico superior en equipos industriales, mantenimiento y gestión. Es docente en los niveles de Formación profesional, Secundario y Universitario. Además instructor de AutoCAD, 3D y modelado. Ha publicado una centena de libros, en su mayoría técnicos educativos para todos los niveles.

Sus libros se encuentran en diferentes centros de estudios y bibliotecas del mundo, como por ejemplo la Universidad San Pablo de Perú, Universidad de Santo Domingo la República Dominicana, Universidad de San Gregorio de Ecuador, Universitat de Valencia, Biblioteca Nacional de España, Biblioteca Nacional de Argentina, Universidad de Texas, Universidad de Toronto, Universidad de Deusto, Biblioteca Nacional Británica, Universidad de Harvard, Biblioteca del Congreso de los Estados Unidos.

Sus libros son traducidos a múltiples idiomas y están distribuidos en los bookstores más relevantes del mundo.

Otras obras similares del autor:

- Automatismo industrial
- Diseño industrial
- Electricidad básica
- Electrónica básica
- Dibujo técnico
- Manual de AutoCAD 2D
- Equipos de frío
- Equipos de Calor
- Gestión del mantenimiento
- Energía eólica
- Energía solar fotovoltaica
- Robótica industrial

Webs donde conocer y/o adquirir otras obras del autor:

http://migueldaddariobooks.blogspot.com

https://www.amazon.com/Miguel-DAddario

https://www.createspace.com/pubMiguelDAddario

Introducción a la Teoría de Circuitos

La Teoría de Circuitos es una herramienta matemática que nos permite calcular la tensión y la corriente eléctrica en los elementos de un circuito. Mediante la Teoría de Circuitos se pueden realizar: Análisis de circuitos: Conocer el comportamiento de un circuito dada una topología. Síntesis de circuitos: Conocer la topología de un circuito dado un comportamiento. La Teoría de Circuitos no entra en el interior de los dispositivos, sino que utiliza modelos de los mismos y leyes físicas para conocer el valor de las variables un circuito. En ingeniería eléctrica, la teoría de circuitos es aquella que comprende los fundamentos para el análisis de circuitos eléctricos y permite determinar los niveles de tensión y corriente en cada punto del circuito en respuesta a una determinada excitación. La teoría de circuitos es una simplificación de la teoría electromagnética de J. C. Maxwell, estas simplificaciones se basan en la consideración de corrientes cuasi estacionarias, lo que implica que sólo puede aplicarse cuando la longitud de onda de las señales (ondas electromagnéticas) presentes en el circuito es mucho mayor (x100 o más) que las dimensiones físicas de éste. Esto quiere decir que la propagación de las ondas en el circuito es instantánea. A estos circuitos a veces se les llama circuitos de parámetros concentrados. Las líneas de transmisión, por ejemplo una línea telefónica, su comportamiento no puede estudiarse con la teoría de circuitos porque son demasiado largas. En lugar de ello se usa un modelo de parámetros distribuidos (modelo de Heaviside). En teoría de circuitos distribuidos para corrientes a muy altas frecuencias, por ejemplo, no es razonable asumir que toda la sección del cable transporta electricidad, ya que tanto experimentalmente como la teoría predicen que la densidad de corriente es mayor en la periferia, y el centro del conductor tiene una densidad de corriente menor. Esos fenómenos acaban siendo importantes en el diseño de una red eléctrica. Históricamente, la teoría de los circuitos eléctricos recibió el nombre de electrocinética y se desarrolló de una forma independiente de la teoría electromagnética. Las bases de esta rama de la ingeniería eléctrica están en la ley de Ohm y las leyes de Kirchhoff, y fueron aplicadas inicialmente a corrientes que no variaban con el tiempo, dada la utilización de generadores de corriente continua, como las pilas eléctricas. Sin embargo, cuando apareció la corriente alterna, la teoría debió adecuarse al tratamiento de cantidades que variaban sinusoidalmente en el tiempo, lo cual introdujo el uso de vectores estacionarios o fasores. En los estudios universitarios de ingeniería eléctrica o electrónica suele darse como una asignatura cuyo objetivo es permitir el progreso del futuro ingeniero en las materias de naturaleza eléctrica, electrónica o Energía. Para el aprendizaje de la teoría de circuitos es necesario tener unos conocimientos matemáticos básicos en geometría, resolución de sistemas de ecuaciones lineales, aritmética de números complejos y cálculo diferencial e integral. También es importante conocer los conceptos eléctricos de carga, potencial, campo electromagnético, corriente, energía y potencia. La ingeniería eléctrica es el campo de la ingeniería que se ocupa del estudio y la aplicación de la electricidad, la electrónica y el electromagnetismo. Aplica conocimientos de ciencias como la física y las matemáticas para diseñar sistemas y equipos que permiten generar, transportar, distribuir y utilizar la energía eléctrica. Dicha área de la ingeniería es reconocida como carrera profesional en todo el mundo y constituye una de las áreas fundamentales de la ingeniería desde el siglo XIX con la comercialización del telégrafo eléctrico y la generación industrial de energía eléctrica. Dada su evolución en el tiempo, este campo ahora abarca una serie de disciplinas que incluyen la electrotecnia, la electrónica, los sistemas de control, el procesamiento de señales y las telecomunicaciones. Dependiendo del lugar y del contexto en que se use, el término ingeniería eléctrica puede o no abarcar a la ingeniería electrónica, la que surge como una subdivisión de la misma y ha tenido una importante evolución desde la invención del tubo o válvula termoiónica y la radio. Cuando se hace esta distinción, generalmente se considera a la ingeniería eléctrica como aquella rama que aborda los problemas asociados a sistemas eléctricos de gran escala o potencia, como los sistemas eléctricos de transmisión de energía y de control de motores, etc. mientras que la ingeniería electrónica se considera que abarca sistemas de baja potencia, denominados también corrientes débiles, sistemas de telecomunicaciones, control y procesamiento de señales constituidos por semiconductores y circuitos integrados. La ingeniería eléctrica aplica conocimientos de ciencias como la física y las matemáticas. Considerando que esta rama de la ingeniería resulta más abstracta que otras, la formación de un ingeniero electricista requiere una base matemática que permita la abstracción y entendimiento de los fenómenos electromagnéticos. Tras este tipo de análisis ha sido posible comprender esta rama de la física, mediante un conjunto de ecuaciones y leyes que gobiernan los fenómenos eléctricos y magnéticos. Por ejemplo, el desarrollo de las leyes de Maxwell permite describir los fenómenos electromagnéticos y forman la base de la teoría del electromagnetismo. En el estudio de la corriente eléctrica, la base teórica parte de la ley de Ohm y las leyes de Kirchhoff. Además se requieren conocimientos generales de mecánica y de ciencia de materiales, para la utilización adecuada de materiales adecuados para cada aplicación. Un ingeniero electricista debe tener conocimientos básicos de otras áreas afines, pues muchos problemas que se presentan en ingeniería son complejos e interdisciplinares. Las áreas de aplicación son: Producción de energía eléctrica: diseñar, instalar y mantener sistemas de producción de energía eléctrica con base en fuentes energéticas hidráulicas, térmicas y no convencionales. Transporte de energía eléctrica: diseñar, instalar y mantener sistemas de transformación, transmisión y distribución de energía eléctrica. Análisis de sistemas eléctricos: evaluar y desarrollar técnicas de análisis con base en modelos de los sistemas y equipos que intervienen en la producción, consumo, transporte y legislación del uso de la Energía Eléctrica. Control, protección y medición de sistemas eléctricos: diseñar, aplicar, evaluar, mantener e instalar los sistemas y equipos que intervienen el control, protección y medición de la producción, consumo, transporte y legislación del uso de la energía eléctrica. Consumo (carga, demanda) y comercialización de energía eléctrica: caracterizar, modelar, simular, analizar y diseñar el comportamiento de los procesos de consumo de energía eléctrica y su comercialización. La electricidad ha sido materia de interés científico desde principios del siglo XVII. El primer ingeniero electricista fue probablemente William Gilbert quien diseñó el "versorium", un aparato que detectaba la presencia de objetos estáticamente cargado. Él también fue el primero en marcar una clara distinción entre electricidad magnética y estática y se le atribuye la creación del término electricidad. En 1775 la experimentación científica de Alessandro Volta resultó en la creación del electróforo, un aparato que producía carga eléctrica estática, y por el 1800 Volta inventó la pila voltaica, el predecesor de la batería eléctrica. Sin embargo, no fue hasta el siglo XIX que las investigaciones dentro de la ingeniería eléctrica empezaron a intensificarse. Algunos de los desarrollos notables en éste siglo incluyen el trabajo de Georg Ohm, quien en 1827 midió la relación entre corriente eléctrica y la diferencia de potenciales en un conductor, Michael Faraday el que descubrió la inducción electromagnética en 1831, y James Clerk Maxwell, quien en 1873 publicó la teoría unificada de la electricidad y magnetismo en su tratado Electricity and Magnetism. Durante estos años, el estudio de la electricidad era ampliamente considerado como una rama de la física. No fue hasta finales del siglo XIX que las universidades empezaron a ofrecer carreras en ingeniería eléctrica. La Universidad Técnica de Darmstadt tuvo la primera cátedra y facultad de ingeniería eléctrica en 1882. En 1883 la Universidad Técnica de Darmstadt y la Universidad Cornell empezaron a dar los primeros cursos de ingeniería eléctrica, y en 1885 el University College de Londres fundó la primera cátedra de ingeniería eléctrica en el Reino Unido. La Universidad de Misuri estableció el primer departamento de ingeniería eléctrica en los Estados Unidos en 1886. Durante este período, el trabajo relacionado con la ingeniería eléctrica se incrementó rápidamente. En 1882, Thomas Edison encendió la primera red de energía eléctrica de gran escala que proveía 110 volts de corriente continua a 59 clientes en el bajo Manhattan. En 1887, Nikola Tesla llenó un número de patentes sobre una forma de distribución de energía eléctrica conocida como corriente alterna. En los años siguientes una amarga rivalidad entre Edison y Tesla, conocida como "La guerra de las corrientes", tomó lugar sobre el mejor método de distribución. Eventualmente, la corriente alterna remplazó a la corriente continua, mientras se expandía y se mejoraba la eficiencia de las redes de distribución energética. Durante el desarrollo de la radio, muchos científicos e inventores contribuyeron a la tecnología de la radio y la electrónica. En sus experimentos de la física clásica de 1888, Heinrich Hertz transmite ondas de radio con un transmisor de chispa, y los detectó mediante el uso de dispositivos eléctricos sencillos. El trabajo matemático de James Clerk Maxwell en 1850 demostró la posibilidad de las ondas de radio, pero Hertz fue el primero en demostrar su existencia. En 1895, Nikola Tesla fue capaz de detectar señales de radio desde el transmisor en su laboratorio en la ciudad de Nueva York a unas 50 millas de distancia, en West Point, Nueva York (unos 80 kilómetros). En 1897, Karl Ferdinand Braun introdujo el tubo de rayos catódicos como parte de un osciloscopio, una tecnología que sería crucial para el desarrollo de la televisión. John Fleming inventó el primer tubo de radio, el diodo, en 1904. Dos años más tarde, Robert von Lieben y Lee De Forest desarrollaron independientemente el tubo amplificador, denominado triodo. En 1895, Guglielmo Marconi promovieron el arte de métodos inalámbricos hertzianas. Al principio, envió señales inalámbricas a una distancia de una milla y media. En diciembre de 1901, envió ondas inalámbricas que no fueron afectadas por la curvatura de la Tierra. Marconi luego transmite las señales inalámbricas a través del Atlántico entre Poldhu, Cornualles, y San Juan de Terranova, una distancia de 2100 millas (3400 kilómetros). En 1920 Albert Hull desarrolló el magnetrón que eventualmente conduce al desarrollo del horno de microondas en 1946 por Percy Spencer. En 1934, el ejército británico comenzó a dar pasos hacia el radar (que también utiliza el magnetrón) bajo la dirección del Dr. Wimperis, que culminó en la operación de la primera estación de radar en Bawdsey en agosto de 1936. En 1941 Konrad Zuse presentó el Z3, primera computadora completamente funcional y programable del mundo a través de piezas electromecánicas. En 1943 Tommy Flowers diseñó y construyó el Colossus, primer equipo completamente funcional, electrónico, digital y programable del mundo. En 1946, el ENIAC (Electronic Numerical Integrator and Computer) de John Presper Eckert y John Mauchly seguido, del inicio de la era de la computación. El rendimiento de la aritmética de estas máquinas permite a los ingenieros desarrollar completamente nuevas tecnologías y lograr nuevos objetivos, entre ellos el programa Apolo, que culminó con astronautas en la Luna. La invención del transistor a finales de 1947 por William B. Shockley, John Bardeen y Walter Brattain de los Laboratorios Bell abrió la puerta para los dispositivos más compactos y llevó al desarrollo del circuito integrado en 1958 por Jack Kilby y de forma independiente en 1959 por Robert Noyce. A partir de 1968, Ted Hoff y un equipo de la Intel Corporation inventó el primer comercial de microprocesador, que anunciaba el ordenador personal. El Intel 4004 fue un procesador de cuatro bits lanzado en 1971, pero en 1973, el Intel 8080, un procesador de ocho bits, hizo posible el primer ordenador personal, el Altair 8800.

Nociones básicas

Electromagnetismo: Estudia los campos eléctricos y magnéticos y su interacción.

Teoría de circuitos: Estudia las relaciones entre corrientes y tensiones de un circuito.

Magnitudes eléctricas básicas
- Carga eléctrica.
- Corriente eléctrica.
- Tensión o diferencia de potencial.
- Resistencia.
- Potencia eléctrica

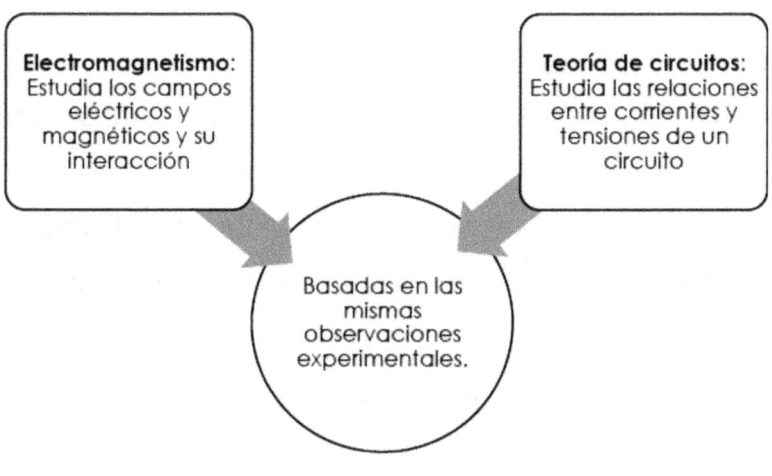

Carga eléctrica

Es la base para describir los fenómenos eléctricos.

Propiedad de la materia presente en todos los cuerpos.

Es de naturaleza bipolar (+ ó -).

El trasvase de carga entre unos cuerpos y otros es el origen de cualquier fenómeno eléctrico.

Unidad SI: [C] q_e= -1,6. 10^{-19}C.

El signo de las cargas es arbitrario, pero de él depende la interacción entre ellas.

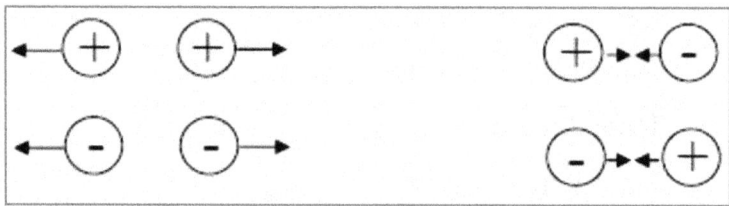

Polos iguales se repelen. Polos diferentes se atraen.

Corriente eléctrica

Se produce por el desplazamiento de las cargas en un material.

Se define como la variación de carga por unidad de tiempo en la sección transversal de un conductor:

$$I = dq/dt \ [A]$$

Una diferencia de voltaje genera una Fuerza Eléctrica.

Cargas ligadas -> dieléctricos o aislantes.

Reorientación de las cargas.

Momento dipolar eléctrico.

- Disminuye el campo en el interior.

No hay paso de corriente.

Campo de ruptura (Volt/m).

Ejemplo: rayo.

- Cargas libres en los conductores.

Generación de corrientes.

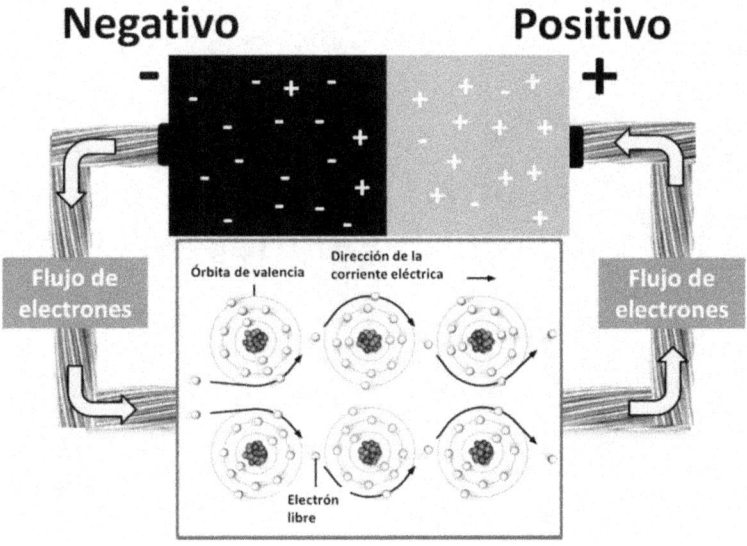

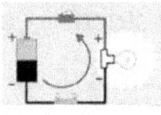 ## Definición de corriente

- Lo que conocemos como corriente eléctrica no es otra cosa que la circulación de cargas o electrones a través de un circuito eléctrico cerrado, que se mueven siempre del polo negativo al polo positivo de la fuente de suministro de fuerza electromotriz (FEM).

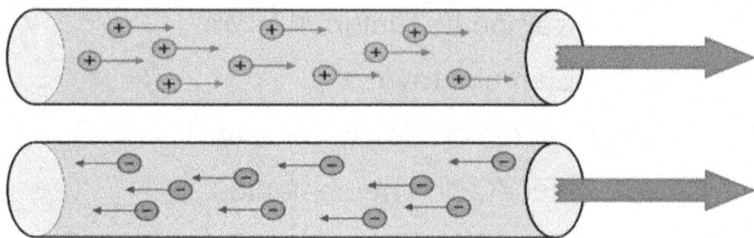

Por tanto,

$$I = \frac{Q}{t} = \frac{n \cdot e \cdot A \cdot d}{d / v_d}$$

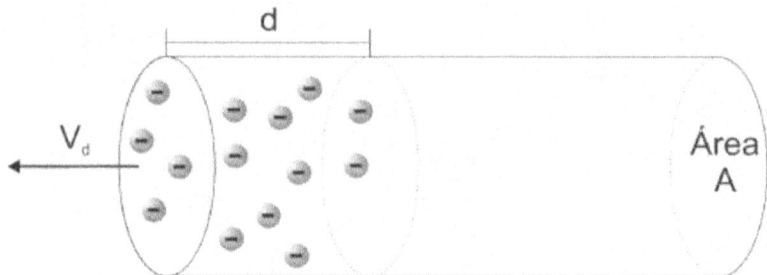

V_d = Velocidad de desplazamiento

Velocidad de desplazamiento

Para el caso de un alambre de cobre típico de radio 0,815 mm con una corriente de 1 A y suponiendo que existe un electrón libre por átomo.

La velocidad está relacionada con la intensidad y la densidad numérica de portadores de carga:

$$I = nqv_d A$$

Si hay un electrón libre por átomo:

$$n = n_a$$

Como la densidad numérica n_a de los átomos está relacionada con la densidad de masa, ρ_{av}, el número de Avogadro N_a, y la masa molar M. Para el cobre ρ_m = 8,93 g/cm^3 y M = 63,5 g/mol por lo que:

$$n_a = \rho_m Na/M = \mathbf{8{,}47 \times 10^{28}}\ átomos/m^3$$

El valor absoluto de la carga es e y el área está relacionada con el radio r del cable:

$$q = e;\ A = \pi r^2$$

Por lo que aplicando los valores obtenemos que:

$$v_d = \frac{1}{nqA} = \frac{1}{n_e\, e\, \pi r^2} =$$

$$\frac{1 C/s}{(8{,}47 \times 10^{28}\ m^{-3})(1{,}6 \times 10^{-19} C)\pi(8{,}15 \times 10^{-4} m)^2} =$$

$$3{,}54 x 10^{-5} \frac{m}{s} = 3{,}54 x\ 10^{-2} mm/s$$

Acuerdo de polaridad

Se considera que la corriente eléctrica es un movimiento de cargas de V+ a V-.

Corriente continua ⇨ *sentido constante.*

Es equivalente suponer un desplazamiento de electrones en un sentido.

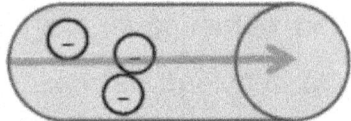

Suponer un desplazamiento de una cantidad de carga + equivalente en sentido opuesto.

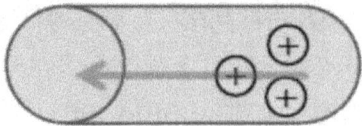

Tensión / Diferencia de potencial / Voltaje

Trabajo que se debe suministrar para mover una carga entre dos puntos de un circuito:

$$u = dw/dq$$

Unidad en SI:

$$V = [J] / [C]$$

Diferencia de potencial entre A y B

$$u_{AB} = u_A - u_B$$

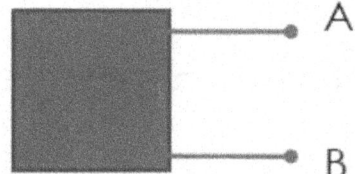

u_A = Potencial eléctrico en A
u_B = Potencial eléctrico en B

$u_{AB} > 0$:
A está a mayor potencial que B (al pasar de A a B las cargas pierden energía).

$u_{AB} < 0$:
A está a menor potencial que B (al pasar de A a B las cargas ganan energía).

Resistencia
Elemento del circuito en el que se disipa potencia en forma de calor.

Resistencia ideal: Se omiten efectos inductivos.

Resistividad: La resistencia que opone un conductor al paso de corriente depende de su conductividad y de su geometría.

$$R = \rho \cdot \frac{l}{s} = \frac{1}{\sigma} \cdot \frac{l}{s}$$

Dónde:

ρ= resistividad

L=longitud del conductor

S= sección del conductor

σ= conductividad

Material	Resistividad (en 20 °C - 25 °C) (Ω m)	Material	Resistividad (en 20 °C - 25 °C) (Ω m)
Plata	$1,55 \times 10^{-8}$	Hierro	$9,71 \times 10^{-8}$
Cobre	$1,71 \times 10^{-8}$	Platino	$10,60 \times 10^{-8}$
Oro	$2,22 \times 10^{-8}$	Estaño	$11,50 \times 10^{-8}$
Aluminio	$2,82 \times 10^{-8}$	Acero inoxidable 301	$72,00 \times 10^{-8}$
Wolframio	$5,65 \times 10^{-8}$	Grafito	$60,00 \times 10^{-8}$
Níquel	$6,40 \times 10^{-8}$		

Resistencia en los circuitos eléctricos

En la resistencia se produce una caída de tensión.

Las cargas pierden energía que se disipa en forma de calor

$$u = Ri$$

Unidades en el SI:

$$\frac{[V]}{[A]}; [S] = \frac{1}{[\Omega]}$$

Símbolo de una Resistencia:

Característica u/i de una resistencia:

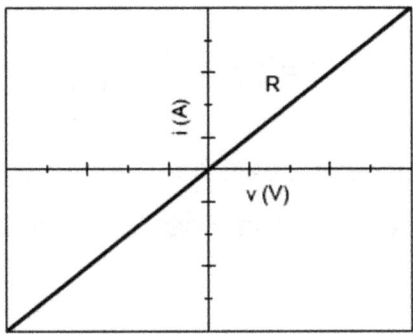

Potencia eléctrica / Energía eléctrica

$$p(t) = u(t) \cdot i(t) = R \cdot i^2 = \frac{u^2}{R} \geq 0$$

En una R la potencia se disipa en forma de calor.

Energía disipada

$$w(t) = \int_{t_0}^{t} Ri^2(\tau)d\tau = \int_{t_0}^{t} \frac{u^2(\tau)}{R} d\tau \geq 0$$

Ley de Joule
Si el cambio de voltaje tiene lugar por la resistencia del material.

$$P = I \cdot \Delta V = I^2 \cdot R$$

En la R, la energía eléctrica se transforma en calor.

Cantidad de energía producida

$$U = Pt = I^2 R_t \; [J]$$

Existe siempre. Cualquier material tiene una Resistencia determinada y pérdidas por efecto Joule.

Ley de Ohm
En muchos conductores se observa una relación directa entre el voltaje y la intensidad: Resistencia.
R es la resistencia del material al paso de la intensidad de corriente I y se mide en Ohmios.

Resistividad ρ aumenta en los conductores, aumenta con la temperatura T.

La Ley de Ohm, es una ley fundamental de la electricidad, establece que la corriente eléctrica que circula por un conductor es directamente proporcional a la diferencia de potencial que existe entre sus extremos e inversamente proporcional a la resistencia que ofrece el conductor al paso de la corriente eléctrica.

$$I = V / R$$

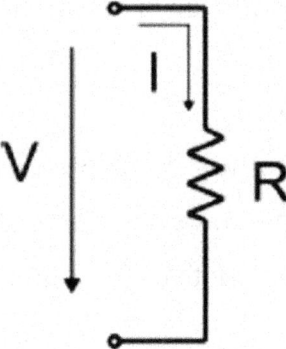

Circuito con las 3 magnitudes eléctricas

Fórmula resistencia R

$$R = \rho \frac{L}{A}$$

ρ = Resistividad [W m]
L = Longitud
A = Sección

Fórmula de conductividad

$$\sigma = \frac{1}{\rho}$$

Inversa de la resistividad

Circuitos eléctricos

Conjunto de elementos combinados de modo que se pueda producir una corriente eléctrica.

- Elementos activos: suministran energía eléctrica.

- Elementos pasivos: consumen energía eléctrica.

Ingeniería eléctrica · Teoría de Circuitos · *Ing. Miguel D'Addario*

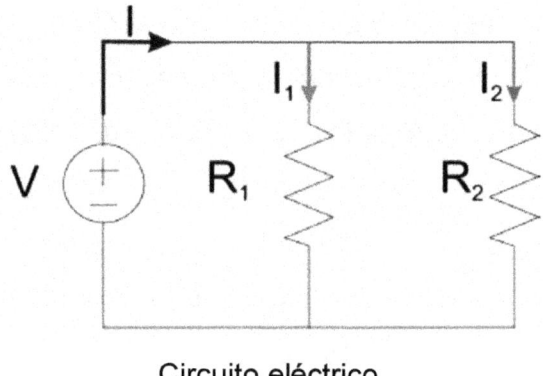

Circuito eléctrico

Ley de Kirchhoff

  Primera Ley

Ley de Kirchhoff de las corrientes (o de los nudos).

La suma algebraica de las corrientes en un nudo es cero:

$$\sum i(t) = 0$$

$$\sum_{k=1}^{n} I_k = I_1 + I_2 + I_3 \ldots + I_n = 0$$

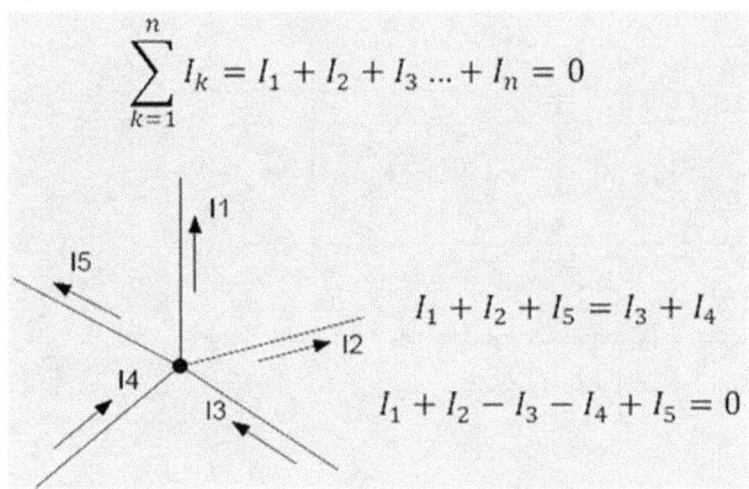

$I_1 + I_2 + I_5 = I_3 + I_4$

$I_1 + I_2 - I_3 - I_4 + I_5 = 0$

Esta Ley es también denominada Ley de nodos, propone que la suma de las corrientes que entran en un nodo es igual a las corrientes que salen de ese mismo nodo.

De forma equivalente, la suma de todas las corrientes que pasan por un nodo es igual a cero.

Divisor de intensidad

Teniendo en cuenta y aplicando la 1ª Ley de Kirchhoff o Ley de nodos, en un circuito de resistencias en paralelo, utilizando el divisor de intensidad se puede calcular las intensidades de cada una de las ramas donde se encuentran dichas resistencias.

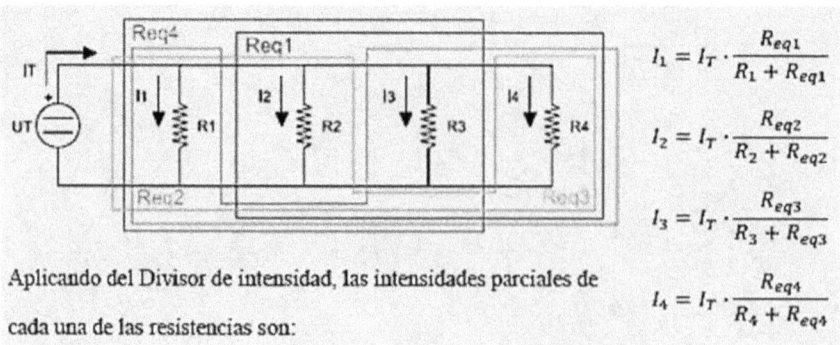

Aplicando del Divisor de intensidad, las intensidades parciales de cada una de las resistencias son:

$$I_1 = I_T \cdot \frac{R_{eq1}}{R_1 + R_{eq1}}$$

$$I_2 = I_T \cdot \frac{R_{eq2}}{R_2 + R_{eq2}}$$

$$I_3 = I_T \cdot \frac{R_{eq3}}{R_3 + R_{eq3}}$$

$$I_4 = I_T \cdot \frac{R_{eq4}}{R_4 + R_{eq4}}$$

Segunda Ley de Kirchhoff

Permiten analizar las corrientes y los voltajes en cada uno de los elementos del circuito.

La suma algebraica de las tensiones en una malla es cero:

$$\sum v(t) = 0$$

$$\sum_{k=1}^{n} U_k = U_1 + U_2 + U_3 \ldots + U_n = 0$$

$$U_T = U_1 + U_2 + U_3$$
$$U_T = I \cdot R_1 + I \cdot R_2 + I \cdot R_3$$
$$U_T - U_1 - U_2 - U_3 = 0$$

También denominada Ley de malla, propone que en una malla, la suma de todas las caídas de tensión es igual a la tensión total suministrada.

De igual forma, la suma algebraica de las diferencias de potencial eléctrico en una malla es igual a cero.

Divisor de tensión

Aplicando la 2ª Ley de Kirchhoff o Ley de mallas, donde en un circuito eléctrico de resistencias conectadas en serie, la tensión total aplicada es igual a la suma de todas las tensiones parciales de cada una de las resistencias.

En el divisor de tensión podemos utilizar la siguiente expresión para calcular la caída de tensión existente en cada una de las resistencias.

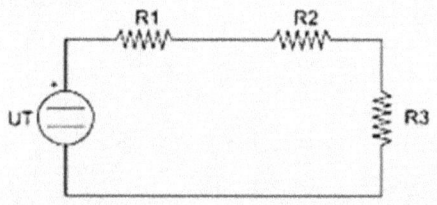

Aplicando el Divisor de tensión la tensión parcial de U_1, U_2, y U_3 de las resistencias R_1, R_2 y R_3 respectivamente son:

$$U_1 = R_1 \cdot \frac{U_T}{R_1 + R_2 + R_3}$$

$$U_2 = R_2 \cdot \frac{U_T}{R_1 + R_2 + R_3}$$

$$U_3 = R_3 \cdot \frac{U_T}{R_1 + R_2 + R_3}$$

Elementos pasivos

Consumen o almacenan energía eléctrica.

Disipan o almacenan energía

Disipan:

    Resistencia.

Almacenan:
> Condensador (campo eléctrico).
> Bobina (magnético).

Letras representativas

R = Resistencia

L = Bobina

C = Condensador

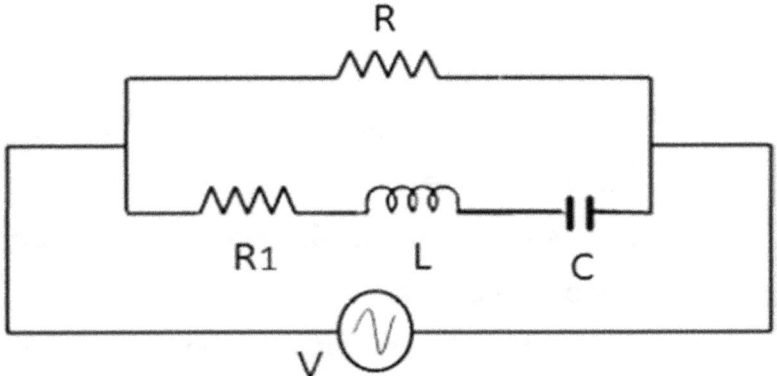

Circuito con elementos pasivos

Elementos ideales

Parámetros concentrados: Cuando se conecta una fuente, se obtiene directamente una respuesta por parte de los elementos.

Conectados por conductores ideales: no absorben potencia (R=0, L=0, C=0).

Detalles en los circuitos
- *Terminales*: extremos de los elementos.
- *Caída de tensión*: diferencia de V.
- *Tierra*: a potencial cero.
- *Circuito abierto*: resistencia infinita (no circula corriente).
- *Cortocircuito*: paso de corriente sin caída de tensión.

Componentes de un circuito eléctrico
- *Nudo*: punto de un circuito donde se unen dos o más conductores.
- *Rama*: elementos de un circuito entre dos nudos consecutivos.
- *Malla*: conjunto de ramas que forman un camino cerrado y que ni se subdividen ni pasan 2 veces por la misma rama.
- *Polaridad de la Corriente*: circula siempre del potencial mayor o positivo (+) al potencial menor o negativo (-).

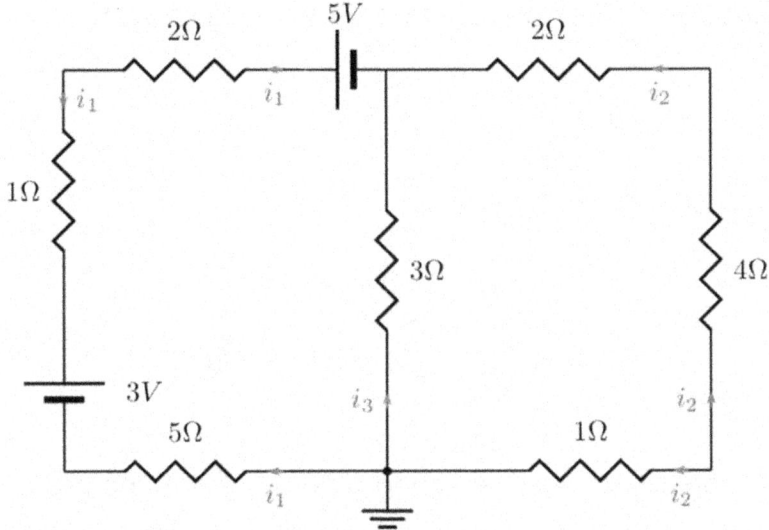

Conexiones de los circuitos

Serie: circula por ellos la misma corriente.

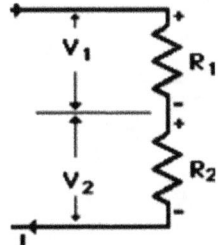

Paralelo: sus terminales conectados entre sí.

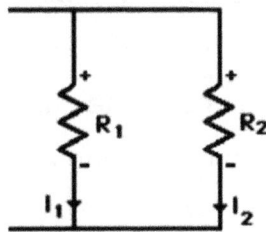

Estrella: tres elementos con un terminal común.

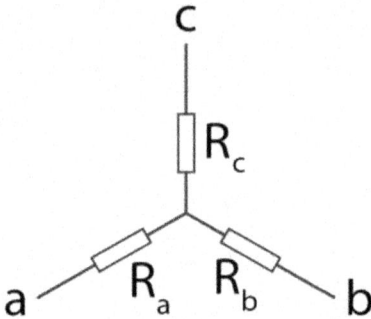

Triángulo: tres elementos forman un circuito cerrado.

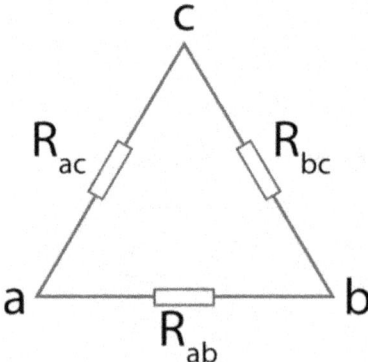

Corriente en las mallas

Se asigna a cada ventana una corriente total en bucle cerrado.

Se le da a cada corriente un sentido arbitrario (generalmente el mismo sentido a todas).

Se escriben la ley de Kirchhoff para las tensiones en cada bucle para obtener las ecuaciones correspondientes.

Por cada elemento del circuito debe pasar al menos una corriente.

Dos elementos en distintas ramas no pueden tener asignadas las mismas corrientes.

Se obtienen las corrientes (incógnitas).

Tensiones en los nudos

Uno de los nudos principales (3 ó más ramas) se toma como referencia.

Se aplica la ley de Kirchhoff de los nudos a los demás nudos principales.

A cada nudo principal se les asigna una tensión respecto de la del nudo de referencia.

Se obtienen las tensiones (incógnitas).

Asociación de Resistencias

En un circuito cualquiera se puede reducir todas las resistencias que éste contiene a una sola, denominada resistencia equivalente: *Req*.

Resistencia equivalente. Definición

Se denomina resistencia equivalente a la asociación respectos de dos puntos "A" y "B", a aquella que conectada a la misma diferencia de potencial, "U_{AB}" demanda la misma intensidad, "I".

Asociación de resistencias en serie

Dos o más resistencias se encuentran conectadas en serie cuando al aplicar al conjunto una diferencia de potencial, todas ellas son recorridas por la misma corriente.

Para determinar la resistencia equivalente en resistencias conectadas en serie, las resistencias se suman.

$$\sum_{k=1}^{n} R_k = R_1 + R_2 + R_3 \ldots + R_n = R_{AB}$$

$$R_{eq)AB} = R_1 + R_2$$

Asociación de resistencias en paralelo

Dos o más resistencias se encuentran en paralelo, cuando tienen dos terminales comunes de modo que al aplicar al conjunto una diferencia de potencial, U_{AB}, todas las resistencias tienen la misma caída de tensión, U_{AB}.

Para determinar la resistencia equivalente en una asociación en paralelo, es igual a la inversa de la suma de las inversas de cada una de las resistencias.

$$\sum_{k=1}^{n} \frac{1}{R_k} = \frac{1}{R_1} + \frac{1}{R_2} + \frac{1}{R_3} \dots + \frac{1}{R_n} = R_{AB}$$

$$\frac{1}{R_{eq)AB}} = \frac{1}{R_1} + \frac{1}{R_2}$$

Existen dos casos particulares:

1º.- Para dos resistencias en paralelo, el producto de ambas resistencias dividido entre la suma de ambas.

$$R_{eq)AB} = \frac{R_1 \cdot R_2}{R_1 + R_2}$$

2º.- Para "k" resistencias iguales, es decir con el mismo valor.

$$R_{eq)AB} = \frac{R}{k}$$

Condensadores

Elementos pasivos de un circuito que almacenan energía en forma de potencial eléctrico.

Dos placas de material conductor que almacenan carga eléctrica de distinto signo, separadas por un dieléctrico.

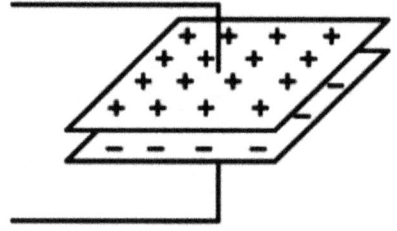

Simbología

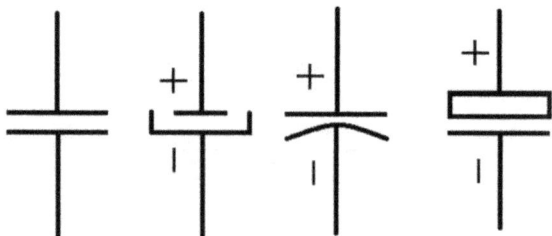

Se caracterizan por su capacidad

$$C = \frac{Q}{V}$$

Medida en Faradios, pico, micro o nanofaradios. F.

Capacidad

Depende sólo de factores geométricos (forma, tamaño) y de la capacidad eléctrica del dieléctrico: ε.

Tipos de condensadores

No electrolíticos: Mica, cerámicos.

Electrolíticos: Tántalo y aluminio. Capacidades mayores. Polarizables.

Fórmulas

$$C = \varepsilon \frac{A}{d}$$

$$C = \frac{2\pi L k \varepsilon}{\ln\left[\dfrac{b}{a}\right]}$$

$$C = \frac{Q}{V} = \frac{4\pi\varepsilon}{\left[\dfrac{1}{a} - \dfrac{1}{b}\right]}$$

Relación Voltaje / Intensidad en un Condensador

Sabiendo que la carga es:

$$qt = C.Vt$$

El incremento de carga es:

$$dqt = It$$

Por lo que:

$$It = dC.Vt = CdVt$$

La corriente es i(t)=

$$C\frac{dV(t)}{dt}$$

La tensión: suponiendo que para un tiempo

$$t=-\infty \text{ el}$$

El condensador está descargado se obtiene u(t) =

$$\frac{1}{C}\int_{-\infty}^{t} i(t)dt$$

Potencia del Condensador

La potencia puede ser > ó < que 0 => el condensador absorbe o cede potencia.

$$p(t) = u(t)i(t) = Cu(t)\frac{du(t)}{dt}$$

$$w(t) = \int_{-\infty}^{t} p(t)dt = \int_{-\infty}^{t} Cu(t)du =$$

$$\frac{1}{2}Cu(t)^2 = \frac{1}{2}\frac{1}{C}q(t)^2 = \frac{1}{2}q(t)u(t)$$

Un condensador no consume energía, la almacena en el campo eléctrico que se crea y está a disposición de devolverla al circuito cuando cambia el sentido de la corriente, produciéndose un proceso de descarga. (Por eso es pasivo).

En los condensadores además de la capacidad C, hay que tener en cuenta la tensión de trabajo, y la máxima corriente que puede admitir.

Asociación de condensadores en serie

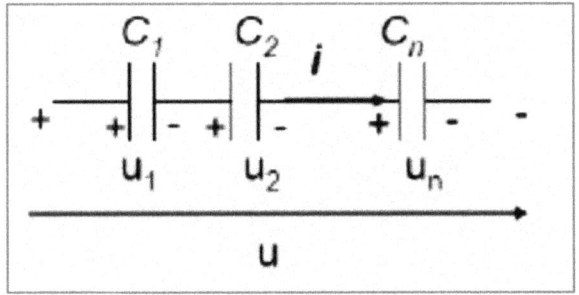

$$u = u_1 + u_2 + ... + u_n$$

$$\frac{du_k}{dt} = \frac{1}{C_k} i$$

$$\frac{du}{dt} = \frac{du_1}{dt} + \frac{du_2}{dt} + ... + \frac{du_n}{dt} =$$

$$\frac{1}{C_1}i + \frac{1}{C_2}i + \ldots + \frac{1}{C_n}i =$$

$$= \left(\frac{1}{C_1} + \frac{1}{C_2} + \ldots + \frac{1}{C_n}\right)i = C_{eq}i$$

$$\boxed{\frac{1}{C_{eq}} = \frac{1}{C_1} + \frac{1}{C_2} + \ldots + \frac{1}{C_n}}$$

Asociación de condensadores en paralelo

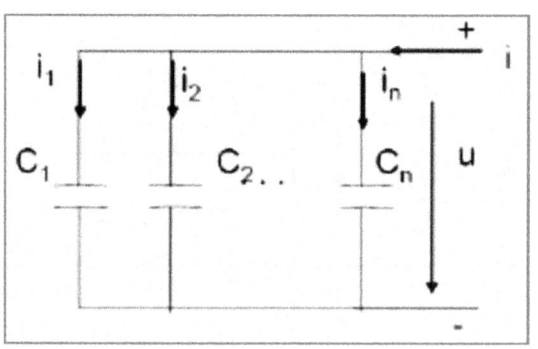

$$i = i_1 + i_2 + \ldots + i_n$$

$$i_k = C_k \frac{du}{dt}$$

$$i = C_1 \frac{du}{dt} + C_2 \frac{du}{dt} + \ldots + C_n \frac{du}{dt} =$$

$$(C_1 + C_2 + ... + C_n)\frac{du}{dt} = C_{eq}\frac{du}{dt}$$

$$\boxed{C_{eq} = C_1 + C_2 + ... + C_n}$$

Bobinas

Físicamente está constituida por un conjunto de espiras puestas en serie, una a continuación de la otra, formadas por un mismo conductor, de forma que cuando circula por ella corriente esta tiene el mismo sentido en todas ellas.

El parámetro que la define es la inductancia y la unidad es el henrio (H):

$$L = \frac{N^2}{\dfrac{1}{\mu}\dfrac{l}{S}} = \frac{N^2}{\Re}$$

N = Número de espiras

L = Longitud

S = Sección del núcleo

μ = Permeabilidad

R = Reluctancia

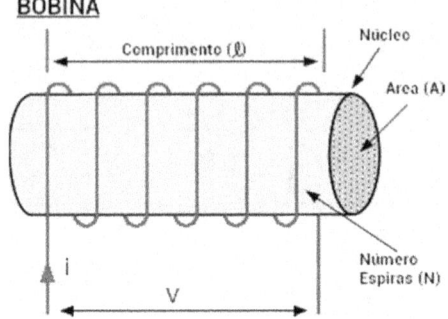

Símbolo

Relación u/i

Si i que recorre la bobina es variable en el tiempo => Φ es variable => Se induce una f.e.m. que se opone al flujo (Faraday Lenz).

$$\lambda(t) = N\phi(t) = Li(t)$$

$$u(t) = \frac{d\lambda(t)}{dt} = L\frac{di(t)}{dt}$$

Suponiendo que para un tiempo t=-∞ la bobina está descargada:

$$i(t) = \frac{1}{L}\int_{-\infty}^{t} u(t)dt$$

Potencia

$$p(t) = u(t)i(t) = Li(t)\frac{di(t)}{dt}$$

La potencia puede ser > ó < que 0 ⇨ la bobina absorbe o cede potencia.

Energía

Suponiendo que i(0)=0

$$w(t) = \int_{-\infty}^{t} p(t)dt = \int_{-\infty}^{t} Li(t)di =$$

$$\frac{1}{2}Li(t)^2 = \frac{1}{2}N\phi(t)i(t)$$

Una bobina no consume energía, la almacena en el campo magnético que se crea y está en disposición de devolverla al circuito cuando cambia el sentido de la tensión, produciéndose la descarga. (Pasivo).

Asociación de bobinas en serie

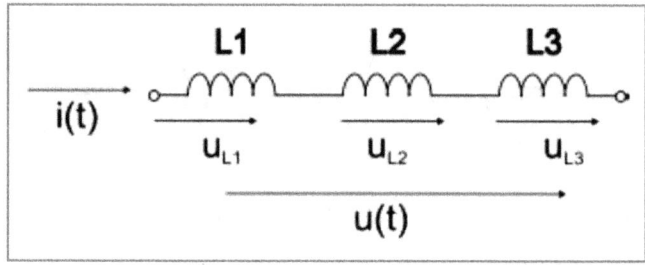

$$u(t) = u_{L1} + u_{L2} + u_{L3} = L_1 \frac{di(t)}{dt} + L_2 \frac{di(t)}{dt} + L_3 \frac{di(t)}{dt} =$$

$$(L_1 + L_2 + L_3)\frac{di(t)}{dt} = L_{eq} \frac{di(t)}{dt}$$

$$L_{eq} = \sum L_i$$

Asociación de bobinas en paralelo

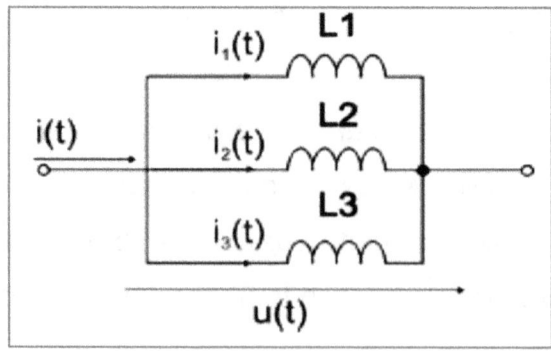

$$i(t) = i_{L1} + i_{L2} + i_{L3} = \frac{1}{L_1}\int u(t)dt + \frac{1}{L_2}\int u(t)dt + \frac{1}{L_3}\int u(t)dt =$$

$$\left(\frac{1}{L_1} + \frac{1}{L_2} + \frac{1}{l_3}\right)\int u(t)dt = \frac{1}{L_{eq}}\int u(t)dt$$

$$\frac{1}{L_{eq}} = \left(\frac{1}{L_1} + \frac{1}{L_2} + \frac{1}{L_3}\right)$$

$$\boxed{L_{eq} = \frac{1}{\sum \frac{1}{L_i}} = \left(\sum \frac{1}{L_i}\right)^{-1}}$$

Resumen elementos pasivos

- Resistencia

$$u(t) = Ri(t) \qquad i(t) = Gu(t)$$

- Condensadores

$$u(t) = u(t_0) + \frac{1}{C}\int_{t_0}^{t} i(t)dt \qquad i(t) = C\frac{du(t)}{dt}$$

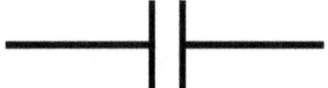

- Bobinas

$$u(t) = L\frac{di(t)}{dt} \qquad i = i(t_0) + \frac{1}{L}\int_{t_0}^{t} u(t)dt$$

Elementos activos

Fuentes de voltaje y de corriente: proporcionan energía eléctrica al circuito.

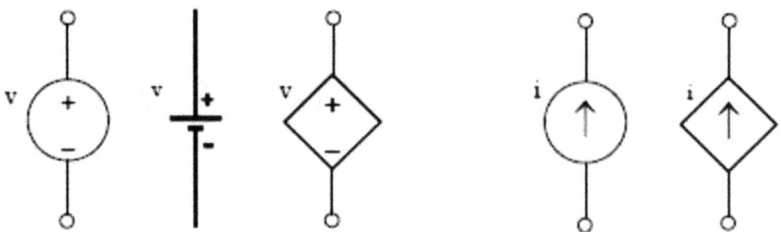

Fuentes de tensión

La misión de este elemento es suministrar energía al circuito eléctrico, de forma que la tensión sea la magnitud de referencia del mismo. Evidentemente, cuando esté conectada a un elemento o circuito circulará una corriente que dependerá de los elementos conectados, pero la tensión mantiene (dentro de unos ciertos límites) su propia ley de variación. En la figura se ve el signo que indica que cuando la función e (t) toma valores positivos, el punto A está a mayor tensión que el B.

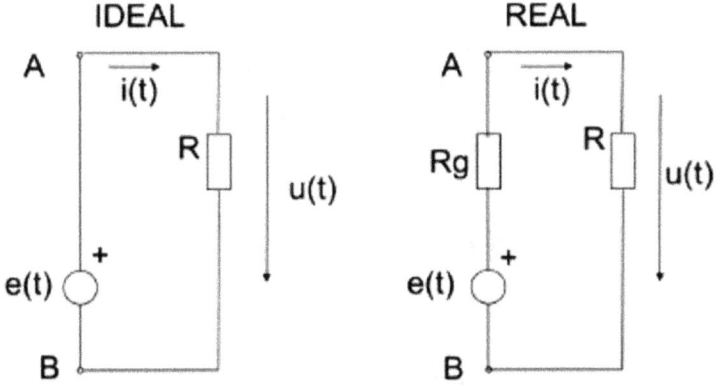

Fuentes reales

En el caso ideal la tensión en la carga es:

$$u(t) = e(t)$$

En el caso real la tensión en la carga es:

$$u(t) = e(t).R/R_g+R$$

Y la potencia es:

$$P(t) = u(t).i(t) = e(t).i(t)$$
$$P(t) = u(t).i(t) = e(t).i(t).R/R_g+R =$$

$$e(t)^2 \cdot R/(Rg+R)^2$$

Por tanto vemos que la transferencia máxima de potencia en el caso real ocurre cuando la resistencia de carga es igual a la resistencia interna de la fuente. Para demostrarlo buscamos el valor de R para tener el máximo de la potencia derivando e igualando a cero.

$$\frac{dp(t)}{dR} = e(t)^2 \frac{(Rg+R)^2 - 2R(Rg+R)}{(Rg+R)^4} = 0$$

$$(Rg+R)^2 - 2R(Rg+R) = 0 \Rightarrow$$

$$(Rg+R) - 2R = 0 \Rightarrow R = Rg$$

Rendimiento de una fuente real:

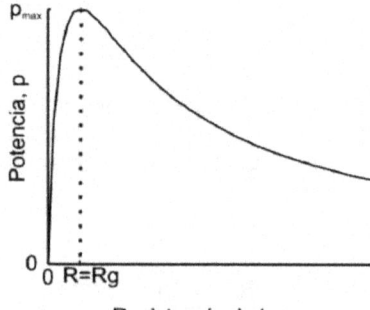

Resistencia de la carga

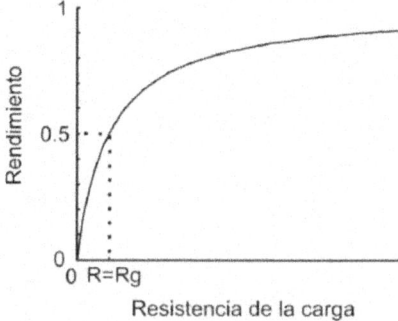
Resistencia de la carga

El rendimiento de la fuente sería el cociente entre la potencia entregada a la carga y la total consumida por la fuente.

$$\eta = \frac{u(t)i(t)}{e(t)i(t)} = \frac{R}{Rg + R}$$

Fuentes de intensidad

La misión de este elemento es suministrar energía al circuito eléctrico, de forma que la intensidad sea la magnitud de referencia del mismo. Cuando esté conectada a un elemento o circuito existirá una tensión entre sus extremos, que dependerá de la carga que se le conecte, pero la intensidad mantiene (dentro de unos ciertos límites) su propia ley de variación.

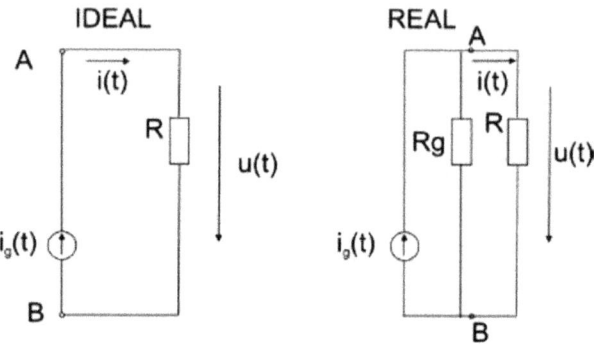

En el comportamiento real hay una impedancia en paralelo con la fuente ideal de corriente, $i_g(t)$, y hace que la intensidad de salida $i(t)$ de la fuente sea menor que el valor ideal debido a la intensidad que se desvía por él.

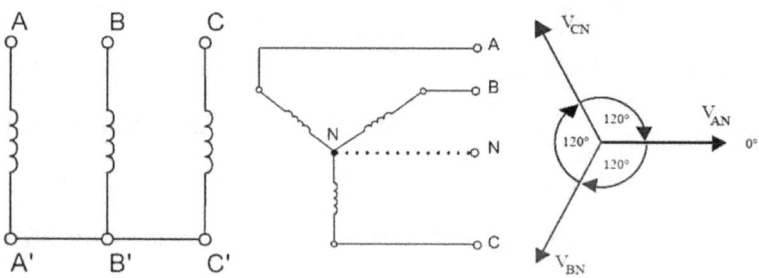

Corriente Continua en régimen estacionario

Análisis de circuitos en Corriente Continua
Resolver un circuito es llegar a conocer las tensiones e intensidades que existen en sus elementos. Se considera que lo que se busca es conocer las tensiones e intensidades de las ramas del mismo.

Para obtener las ecuaciones necesarias para resolver el problema se aplica:
- La ley de ohm.
- La Ley de Kirchhoff de la corriente (1ª ley de Kirchhoff): La suma de todas las corrientes en cualquier nodo de un circuito es igual a cero.
- Ley de Kirchhoff del voltaje (2ª ley de Kirchhoff): La suma de todos los voltajes alrededor de cualquier trayectoria cerrada en un circuito es igual a cero.

En la práctica
- El método de voltajes de nodo.
- El método de corriente de malla.
- Método de los voltajes de nodo
- Se asigna a cada nudo una corriente.

- Se le da a cada corriente un sentido arbitrario (generalmente el mismo sentido a todas).
- Se escriben la ley de Kirchhoff para las tensiones en cada bucle para obtener las ecuaciones correspondientes.
- Por cada elemento del circuito debe pasar al menos una corriente.
- Dos elementos en distintas ramas no pueden tener asignadas las mismas corrientes.
- Se obtienen las corrientes (incógnitas).

Pasos que se deben seguir
- Encontrar el número de nodos que posee la red.
- Seleccionar uno de estos nodos como tierra.
- Aplicar para cada uno de los nodos restantes el siguiente proceso con el fin de obtener la ecuación correspondiente a cada nodo:
- Elegido un nodo, "pintar" las intensidades salientes, por cada una de sus ramas.
- Aplicar la LKC.
- Obtener la intensidad que circula por cada rama aplicando la siguiente regla:

$$I = \frac{V_{nudo\,salida} - V_{nudo\,llegada} + V_{gen\,atrav}}{R_{atravesada}}$$

A la tensión de cada generador atravesado se le debe anteponer el signo del polo por donde sale la corriente de él.

Voltaje

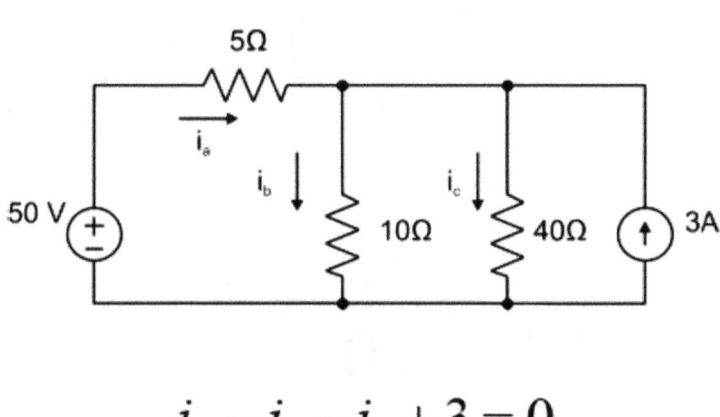

$$i_a - i_b - i_c + 3 = 0$$

$$\frac{50 - v_1}{5} - \frac{v_1}{10} - \frac{v_1}{40} + 3 = 0$$

$$\boxed{v_1 = 40V}$$

Intensidad

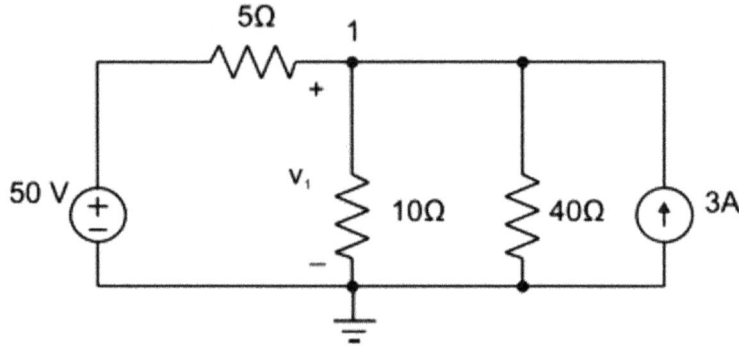

$$i_a = \frac{50 - v_1}{5} = 2A$$

$$i_b = \frac{v_1}{10} = 4A$$

$$i_c = \frac{v_1}{40} = 1A$$

Procedimiento 1 de corrientes de malla

Consiste en aplicar el segundo lema de Kirchhoff a todas las mallas de un circuito. La suma algebraica de las tensiones a lo largo de cualquier línea cerrada en un circuito es nula en todo instante. $\Sigma v(t) = 0$.

Malla: Conjunto de ramas que forman un camino cerrado y que no contienen ninguna otra línea cerrada en su interior.

Es conveniente sustituir todos los generadores de corriente reales por generadores de tensión reales.

Procedimiento 2 de corrientes de malla

Se asigna a cada malla una corriente desconocida, circulando en el mismo sentido en todas las mallas "corriente de malla".

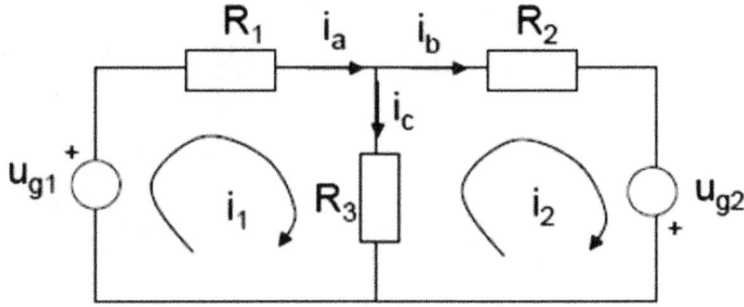

Las corrientes que circulan por cada rama se pueden calcular en función de las corrientes de mallas:

$$i_a = i_1 \qquad i_b = i_2 \qquad i_c = i_1 - i_2$$

Se aplica el segundo lema de Kirchhoff a cada malla. (Consideraremos las elevaciones de tensión negativas y las caídas de tensión positivas).

Procedimiento 3 de corrientes de malla

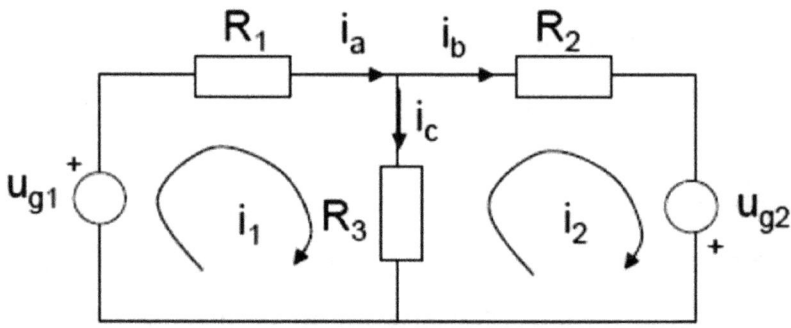

$$\left.\begin{array}{l} -u_{g1} + i_1 R_1 + (i_1 - i_2)R_3 = 0 \\ -u_{g2} + i_2 R_2 + (i_2 - i_1)R_3 = 0 \end{array}\right\}$$

Procedimiento matriz 1

Método de las corrientes de mallas. Se tiene, en forma general:

$$\begin{pmatrix} R_{11} & R_{12} & R_{13} \\ R_{21} & R_{22} & R_{23} \\ R_{31} & R_{32} & R_{33} \end{pmatrix} \begin{bmatrix} I_1 \\ I_2 \\ I_3 \end{bmatrix} = \begin{pmatrix} V_1 \\ V_2 \\ V_3 \end{pmatrix}$$

Matriz de coeficientes simétrica

Obtención de los coeficientes R_{ii} y R_{ij}.

Obtención de I_i.

i=1..., número de corrientes.

Resolución directa de sistemas de ecuaciones con varias incógnitas.

Procedimiento matriz 2

Método de los voltajes en los nudos (ejemplo).

Se tiene, en forma general:

$$\begin{pmatrix} G_{11} & G_{12} \\ G_{21} & G_{22} \end{pmatrix} \begin{bmatrix} V_1 \\ V_2 \end{bmatrix} = \begin{pmatrix} V_a / R_a \\ V_b / R_b \end{pmatrix}$$

Matriz de coeficientes simétrica

Obtención de los coeficientes G_{ii} y G_{ij}

Obtención de V_i

i=1..., número de nudos principales -1.

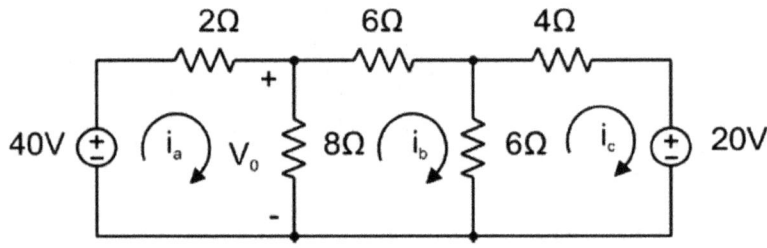

$$40 = 2i_a + 8(i_a - i_b)$$
$$0 = 6i_b + 6(i_b - i_c) + 8(i_b - i_a)$$
$$-20 = 4i_c + 6(i_c - i_b)$$

$$10i_a - 8i_b + 0i_c = 40$$
$$-8i_a + 20i_b - 6i_c = 0$$
$$0i_a - 6i_b + 10i_c = -20$$

$$i_a = 5.6A$$
$$i_b = 2.0A$$
$$i_c = -0.80A$$

Transformaciones de las fuentes 1

Una transformación de fuente permite sustituir a una fuente de voltaje en serie con una resistencia, con una fuente de corriente en paralelo con el mismo resistor, o viceversa.

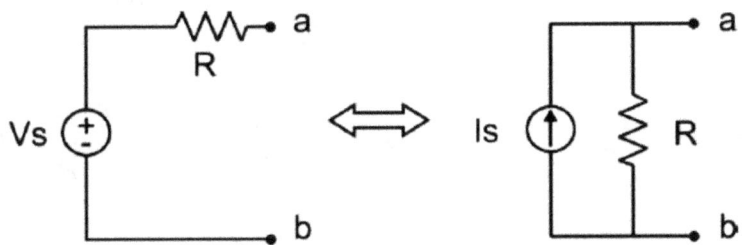

Necesitamos calcular la relación entre V_s e I_s, que garantice que las dos configuraciones de la figura sean equivalentes con respecto a los nodos a-b.

La equivalencia se logra si cualquier resistor R_L experimenta el mismo flujo de corriente, y por lo tanto la misma caída de voltaje, si se conecta entre los nodos a-b en cualquiera de los dos circuitos.

Transformaciones de fuentes 2

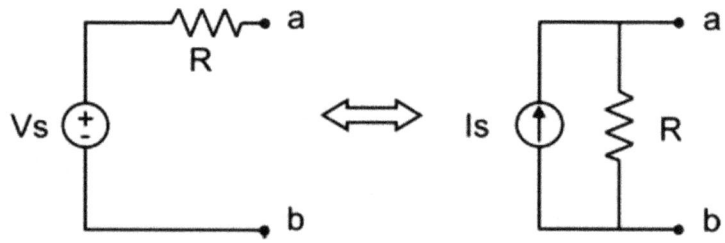

$$I_L = \frac{V_s}{R+R_L} \qquad I_L = \frac{R}{R+R_L}I_s \qquad \begin{array}{c} V_R = V_{R_L} \\ RI_R = R_L I_L \end{array}$$

$$V_S = RI_S \qquad I_S = I_R + I_L = \frac{R_L I_L}{R} + I_L = \frac{R_L + R}{R}I_L$$

Como la corriente es la misma en los dos circuitos se debe cumplir que:

$$\boxed{I_S = \frac{V_S}{R}}$$

Transformaciones de fuentes 3

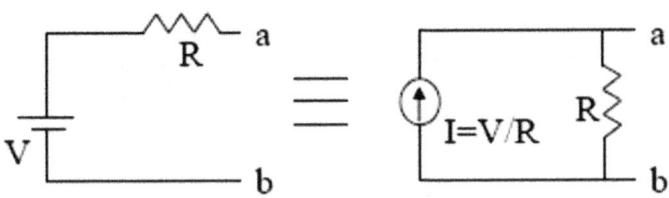

Ejercicio

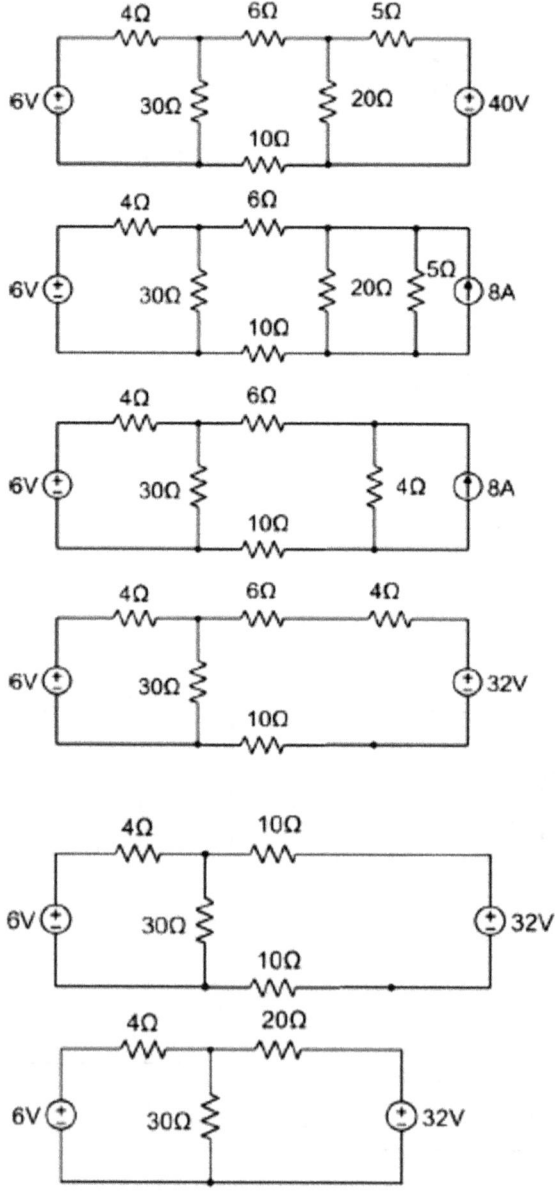

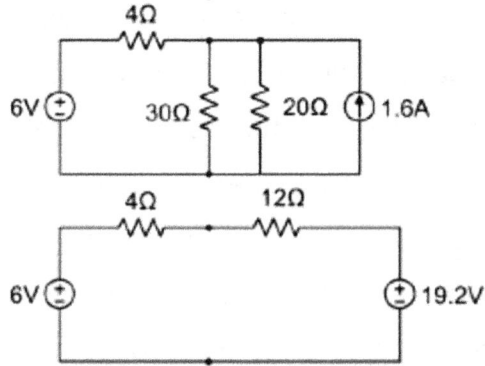

$$I = \frac{6-19.2}{4+12} = -0.825 A$$

$$P_{6v} = -(-0.825)*6 = 4.95W$$

Teoremas de circuitos

Los teoremas únicamente son aplicables a redes lineales. Un circuito es lineal cuando todos sus componentes son lineales, esto es verifican una relación u/i lineal. ¿Una resistencia tiene u/i lineal? ¿Una bobina tiene u/i lineal? ¿Un condensador tiene u/i lineal?

Principio de superposición

La respuesta de un circuito lineal a varias fuentes de excitación actuando simultáneamente, es igual a la suma de las respuestas que se obtendrían cuando actuase cada una de ellas por separado. El teorema de superposición es aplicable para el cálculo de tensión e intensidad, pero no para calcular la potencia. Se estudia el efecto de cada fuente anulando las demás fuentes independientes.

- Fuentes de tensión $\Rightarrow$ Cortocircuito.
- Fuentes de corriente $\Rightarrow$ Circuito abierto.

Si en el circuito existen fuentes dependientes se mantienen en todos los circuitos en los que se desdoble el original.

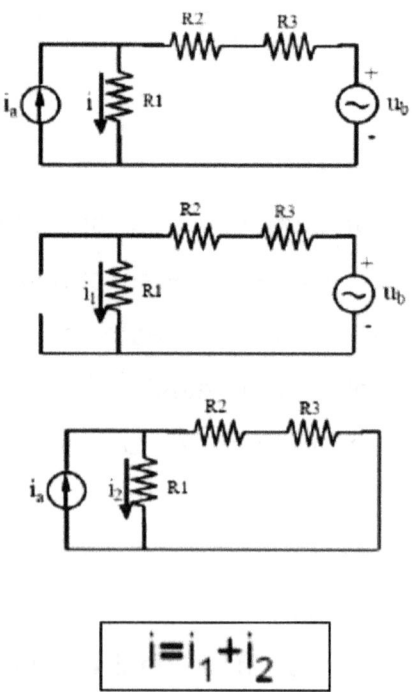

$$i = i_1 + i_2$$

Teorema de Thévenin

Cualquier red compuesta por elementos pasivos y activos (independientes o dependientes) se puede sustituir, desde el punto de vista de sus terminales externos, por un generador de tensión u_{th} denominado generador Thévenin, más una resistencia en serie R_{th}.

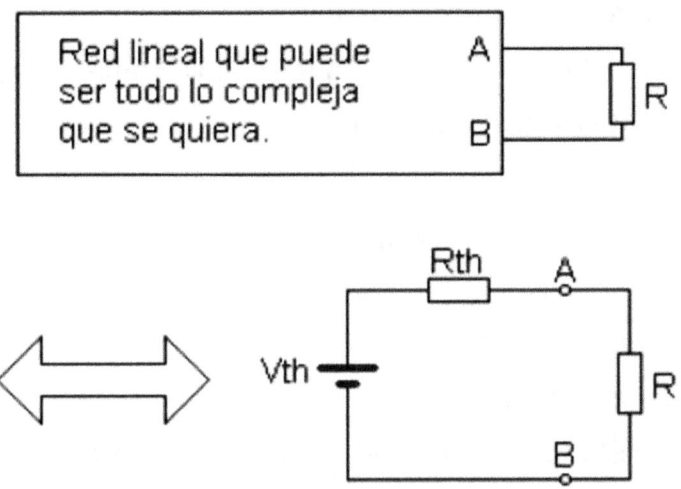

Este teorema resulta muy útil cuando se desea estudiar lo que ocurre en una rama de un circuito.

Cálculo de Thévenin

Procedimiento 1

Para calcular V_{th} y R_{th} hay que dar dos valores a la resistencia conectada entre los terminales A y B, y analizar el circuito para ambos valores:

R= ∞

Por lo tanto se queda en circuito abierto.

Se calcula la tensión entre A y B en circuito abierto.

$$V_{AB}=V_0=V_{th}$$

R=0

Por lo tanto es un cortocircuito.

Se calcula la corriente que circula entre A y B (corriente de cortocircuito).

$$R_{th} = \frac{V_{th}}{i_{sc}}$$

Cálculo de Thévenin

Procedimiento 2

Este método es sólo aplicable en el caso que la red sólo tenga fuentes independientes.

Calcular V_{th} como el método anterior

Para calcular la R_{th}

1. Desactivamos todas las fuentes independientes: V=0 Cortocircuito; I=0 Circuito abierto

2. Calculamos la resistencia resultante en los terminales.

Teorema de Norton

Cualquier circuito puede sustituirse, respecto a un par de terminales, por una fuente de corriente I_N (igual a la corriente de cortocircuito) en paralelo con la resistencia R vista desde esos terminales.

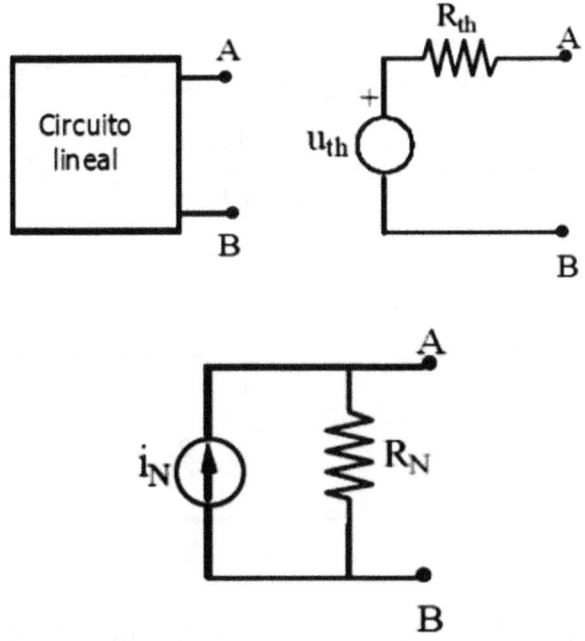

$$R_N = R_{th} \qquad i_N = \frac{u_{th}}{R_{th}}$$

Equivalente de Thévenin con fuentes dependientes 1

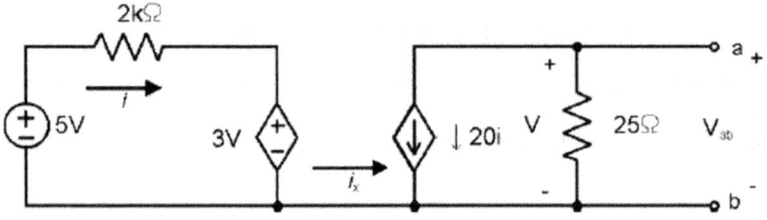

Con $i_x=0$

$$V_{Th} = V_{ab} = (-20i)(25) = -500i$$

$$i = \frac{5-3v}{2000} = \frac{5-3V_{Th}}{2000} \qquad V_{Th} = -5V$$

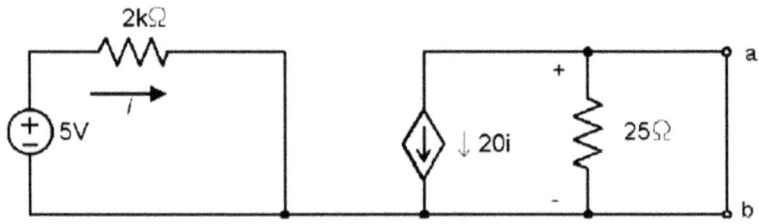

Por lo tanto i_{sc} = -20i. Como el voltaje que controla a la fuente dependiente de corriente es cero, la intensidad que circula es:

$$i = \frac{5}{2000} = 2.5 mA$$

Por lo tanto:

$$i_{sc} = -20(2.5) = -50 mA.$$

Y finalmente:

$$R_{Th} = \frac{V_{Th}}{I_{sc}} = \frac{-5}{-50} \cdot 10^3 = 100 \Omega$$

Equivalente de Thévenin con fuentes dependientes 2
Primero desactivamos la fuente de tensión independiente del circuito y luego excitamos el circuito desde los terminales a y b con una fuente de tensión de prueba o con una fuente de corriente de prueba.

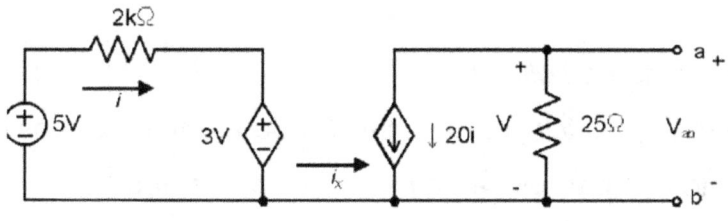

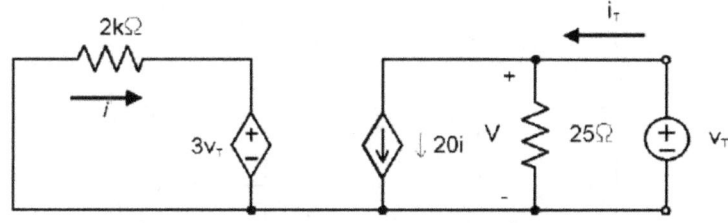

Equivalente de Thévenin con fuentes dependientes 3

Para calcular la resistencia de Thévenin, simplemente resolvemos el circuito para hallar el cociente entre la tensión y la corriente en la fuente de prueba; es decir, $R_{Th} = v_T / i_T$. A partir del circuito anterior se obtiene:

$$i_T = \frac{v_T}{25} + 20i; \quad i = \frac{-3 \cdot v_T}{2} mA.$$

Por lo que sustituyendo:

$$i_T = \frac{v_T}{25} - \frac{60 \cdot v_T}{2000}$$

Y por lo tanto:

$$\frac{i_T}{v_T} = \frac{1}{25} - \frac{6}{200} = \frac{1}{100} \Rightarrow R_{Th} = \frac{v_T}{i_T} = 100 \Omega.$$

Teorema de Millman

Permite reducir una asociación de fuentes de tensión reales en paralelo a una sola fuente, es decir:

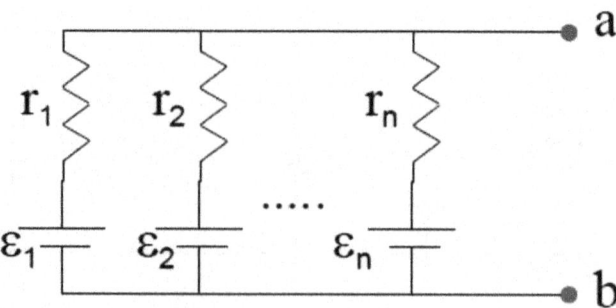

$$V_m = \frac{\sum_{i=1}^{n} \varepsilon_i / r_i}{\sum_{i=1}^{n+k} 1 / r_i}$$

$$\frac{1}{r_M} = \sum_{i=1}^{n+k} \frac{1}{r_i}$$

Transferencia de potencia máxima

Suponemos una red resistiva que contiene fuentes dependientes e independientes y un par designado de terminales a, b al cual se conectará una carga RL. El problema se limita a determinar el valor de RL que permita entregar una potencia máxima a RL. El primer paso en este proceso es reconocer que una red resistiva siempre puede remplazarse por su equivalente Thévenin.

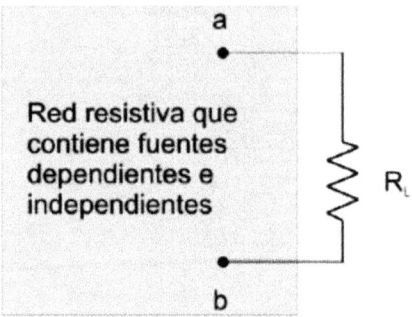

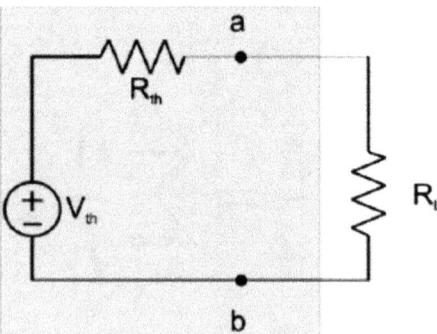

$$p = i^2 R_L = \left(\frac{V_{th}}{R_{th} + R_L} \right)^2 R_L$$

V_{th} y R_{th} son constantes, por lo que la potencia disipada es una función de R_L. Haciendo la derivada de la potencia disipada respecto R_L e igualando a 0, obtendremos el valor R_L a la que la potencia es máxima.

$$\frac{dp}{dR_L} = V_{th}^2 \left[\frac{(R_{th} + R_L)^2 - R_L 2(R_{th} + R_L)}{(R_{th} + R_L)^4} \right] = 0$$

$$R_L = R_{th}$$

$$\boxed{p_{\max} = \frac{V_{th}^2}{4R_L}}$$

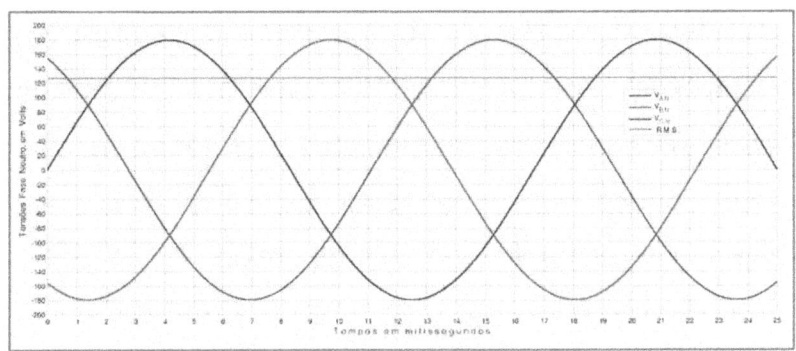

Régimen transitorio en circuitos de CC

Régimen transitorio

Hasta ahora se han analizado los circuitos en régimen permanente: estado de equilibrio, impuesto por los parámetros de la red. Ante cualquier maniobra (conmutación / encendido / apagado / fallos / variaciones de la carga.), antes de alcanzar el equilibrio ocurren un periodo denominado régimen transitorio. Las variables del circuito están sometidas a factores exponenciales decrecientes y los valores dependen de los parámetros del circuito. De corta duración (del orden de milisegundos) pero pueden ocasionar problemas en los circuitos y máquinas eléctricas.

Primer orden

Al aplicar las leyes de Kirchhoff a los circuitos con bobinas y condensadores (elementos dinámicos) resultan ecuaciones diferenciales que deben resolver para conocer u, i. Los circuitos de primer orden cuentan con un solo elemento dinámico.

Tipos de respuestas

Respuesta natural: corresponde a las corrientes y voltajes que existen cuando se libera energía almacenada en un circuito que no contiene fuentes independientes.

Respuesta de escalón: corresponde a las corrientes y voltajes que resultan de cambios abruptos en las fuentes de cd que se conectan al circuito. La energía almacenada puede o no estar presente en el momento en que ocurren los cambios abruptos.

La respuesta natural: un circuito RL 1

Suponemos que el interruptor ha estado en estado cerrado durante largo tiempo, de modo que las corrientes y voltajes han alcanzado un valor constante, y el inductor se presenta como un corto circuito antes de liberar la energía almacenada.

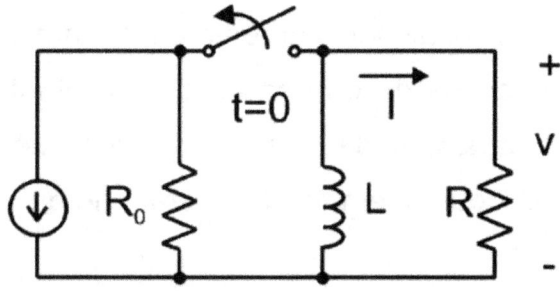

$$v_L = L di/dt = 0$$

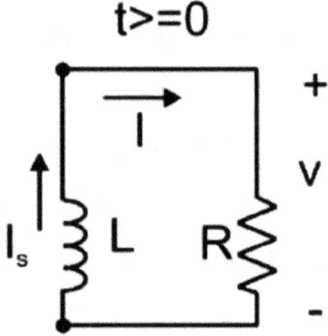

La determinación de la respuesta natural requiere encontrar el voltaje y la corriente en las terminales del resistor después de que se ha abierto el interruptor, es decir, después de que se ha desconectado la fuente y el inductor empieza a liberar energía.

La respuesta natural: circuito RL 2

La determinación de la respuesta natural requiere encontrar el voltaje y la corriente en las terminales del resistor después de que se ha abierto el interruptor, es decir, después de que se ha desconectado la fuente y el inductor empieza a liberar energía.

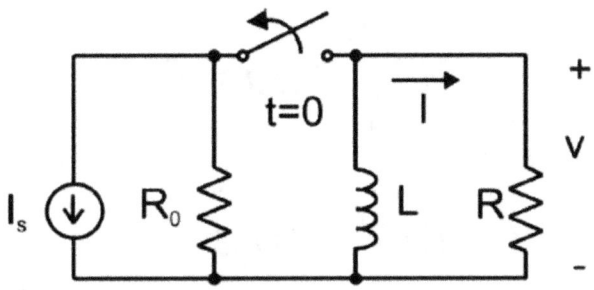

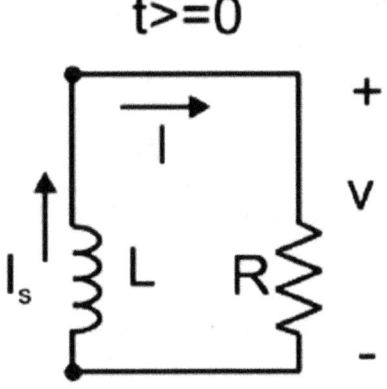

$$\frac{di}{i} = -\frac{R}{L}dt \Rightarrow \int_{i(0)}^{i(t)} \frac{di}{i} = -\frac{R}{L}\int_0^t dt \Rightarrow$$

$$\ln\frac{i(t)}{i(0)} = -\frac{R}{L}t \Rightarrow i(t) = i(0)e^{-\frac{R}{L}t}$$

$$L\frac{di}{dt} + Ri = 0$$

$$i(t) = i(0)e^{-t/\tau}$$

Respuesta natural, donde:

$$\tau = \frac{L}{R}$$

Es la constante de tiempo.

La respuesta natural: circuito RL 3

El voltaje en el resistor será:

$$v(t) = Ri(t) = Ri(0)e^{-t/\tau}$$

La potencia disipada en la resistencia es:

$$p = v(t)i(i) = R[i(t)]^2 = R[i(0)]^2 e^{-2t/\tau}$$

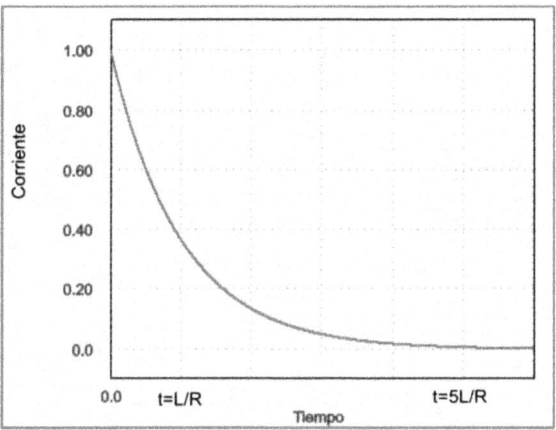

Respuesta natural: circuito RL 4

Cuando el tiempo transcurrido excede de 5 veces la constante de tiempo, la corriente es menor que el 1% de su valor inicial.

De ese modo algunas veces se afirma que después de después de que ha ocurrido la conmutación, las corrientes y los voltajes han alcanzado sus valores finales, para casi todos los fines prácticos.

Respuesta de escalón en circuito RL 1

El objetivo es determinar las expresiones de la corriente y el voltaje después de que se cierra el interruptor.

$$L\frac{di}{dt} + Ri = V_s$$

$$\frac{di}{dt} = \frac{V_s - Ri}{L} = -\frac{R}{L}\left(i - \frac{V_s}{R}\right)$$

$$\Rightarrow \int_{i(0)}^{i(t)} \frac{di}{\left(i - \frac{V_s}{R}\right)} = -\frac{R}{L}\int_0^t dt \Rightarrow$$

$$\ln\frac{\left(i - \frac{V_s}{R}\right)}{\left(i(0) - \frac{V_s}{R}\right)} = -\frac{R}{L}t \Rightarrow$$

$$i(t) = \frac{V_s}{R} + \left(i(0) - \frac{V_s}{R}\right)e^{-\frac{R}{L}t}$$

Respuesta de escalón en circuito RL 2

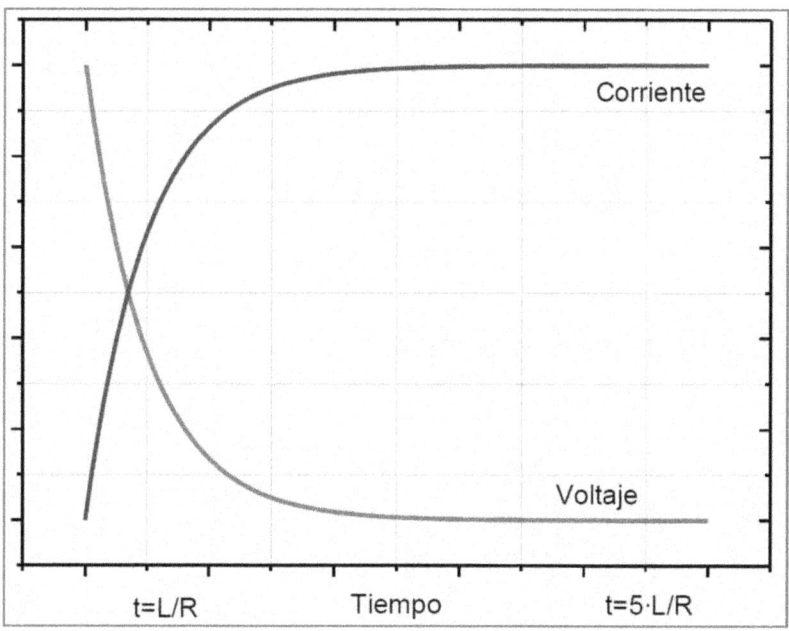

Cuando la energía inicial en el inductor es cero, i(0)=0, por lo que:

$$i(t) = \frac{V_s}{R} - \frac{V_s}{R}e^{-\frac{R}{L}t} = \frac{V_s}{R}\left[1 - e^{-\frac{R}{L}t}\right]$$

El voltaje en el inductor es:

$$V_L = L\frac{di}{dt} = -R\left(i(0) - \frac{V_s}{R}\right)e^{-\frac{R}{L}t} =$$

$$(V_s - Ri(0))e^{-\frac{R}{L}t}$$

Si la energía inicial es cero:

$$V_L = V_s e^{-\frac{R}{L}t}$$

Respuesta natural: Circuito RC

$$C\frac{dv}{dt} + \frac{v}{R} = 0$$

$$v(t) = v(0)e^{-t/\tau}$$

Ingeniería eléctrica · Teoría de Circuitos · *Ing. Miguel D'Addario*

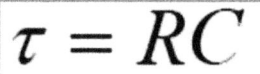

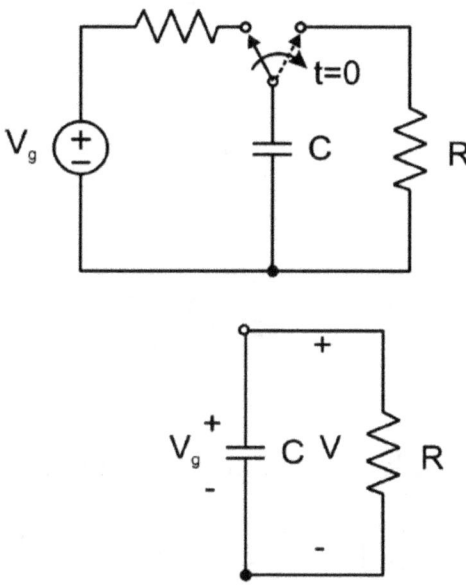

Respuesta de escalón en circuito RC

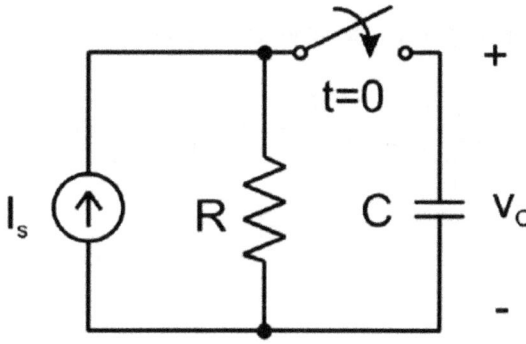

$$C\frac{dv}{dt}+\frac{v}{R}=I_s \Rightarrow \frac{dv}{dt}+\frac{v}{CR}=\frac{I_s}{C}$$

$$v_C(t)=I_sR+(v(0)-I_sR)e^{-t/\tau}$$

$$\tau=RC$$

Si el condensador estaba inicialmente descargado

$$v_C(t)=I_sR\left(1-e^{-t/\tau}\right)$$

$$\tau=RC$$

Y la corriente por el condensador es:

$$i=C\frac{dv}{dt}=-\frac{1}{R}(v(0)-I_sR)e^{-t/\tau}=$$

$$\left(I_s - \frac{v(0)}{R}\right)e^{-t/\tau}$$

Respuesta natural de un circuito RLC serie 1

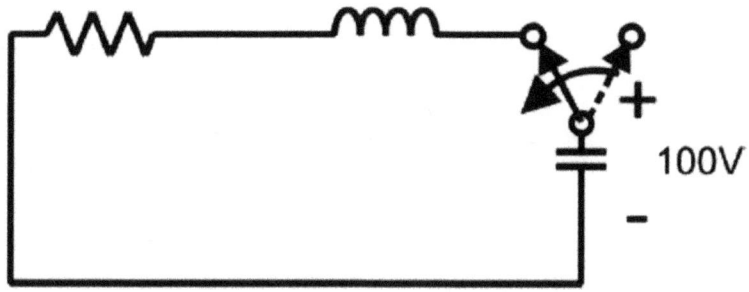

$$Ri + L\frac{di}{dt} + \frac{1}{C}\int_0^t i\,dt + V_0 = 0$$

Si derivamos:

$$R\frac{di}{dt} + L\frac{d^2i}{dt^2} + \frac{i}{C} = 0 \Rightarrow$$

$$\frac{d^2i}{dt^2} + \frac{R}{L}\frac{di}{dt} + \frac{i}{LC} = 0$$

Esta es la ecuación diferencial que tenemos que resolver, es decir:

$$\frac{d^2i}{dt^2} + 2\alpha\frac{di}{dt} + \omega_0^2 i = 0$$

$$\alpha = \frac{R}{L} rad/s$$

Es la frecuencia neperiana:

$$\omega_0 = \frac{1}{\sqrt{LC}} rad/s$$

Es la frecuencia resonante:

$$s^2 + 2\alpha s + \omega_0^2 = 0$$

Y resolviendo tenemos:

$$s_{1,2} = -\alpha \pm \sqrt{\alpha^2 - \omega_0^2}$$

Respuesta natural de un circuito RLC serie 2

Si..	Respuesta	$V_c(t)$
$\omega_o^2 < \alpha^2$	Sobreamortiguada	-> V sin oscilación
$\omega_o^2 > \alpha^2$	Subamortiguada	-> V oscilando
$\omega_o^2 = \alpha^2$	Críticamente amortiguada	Caso límite entre ambos

$$\omega_0 = \frac{1}{\sqrt{LC}} rad/s$$

$$\alpha = \frac{R}{L} rad/s$$

$$s_{1,2} = -\alpha \pm \sqrt{\alpha^2 - \omega_0^2}$$

Ingeniería eléctrica · Teoría de Circuitos · *Ing. Miguel D'Addario*

Respuesta natural de un circuito RLC serie 3

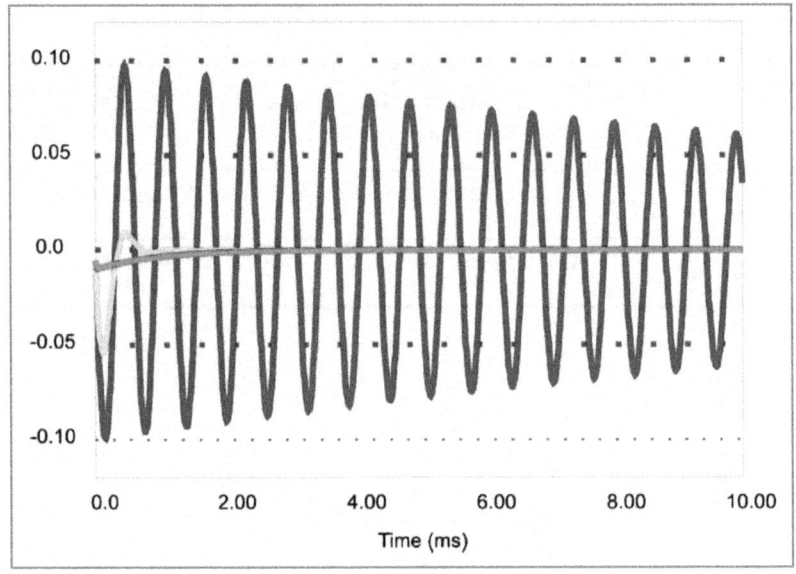

I1 subamortiguada   R=10ohm, L=100 mH, C=0.1uF

I2 Críticamente amortiguada R=1000ohm, L=100 mH, C=0.1uF

I3 Sobreamortiguada   R=10000ohm, L=100 mH, C=0.1uF

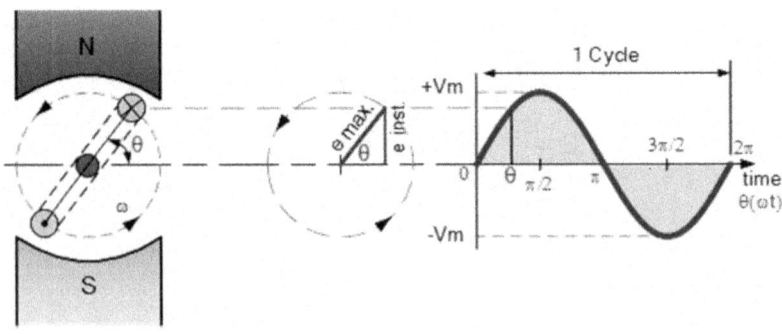

Corriente alterna

Fundamentos

Corriente continua (CC): no varía frente al tiempo.

Corriente alterna (CA): su sentido cambia con º tiempo.

Corriente alterna periódica: su valor se repite al cabo de un cierto tiempo T (periodo).

Onda: expresión gráfica de la variación periódica en amplitud y tiempo.

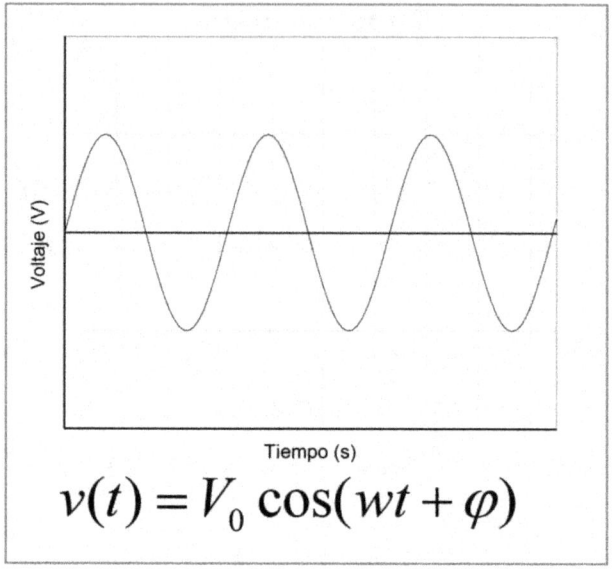

Corriente alterna senoidal

Corriente alterna senoidal análisis

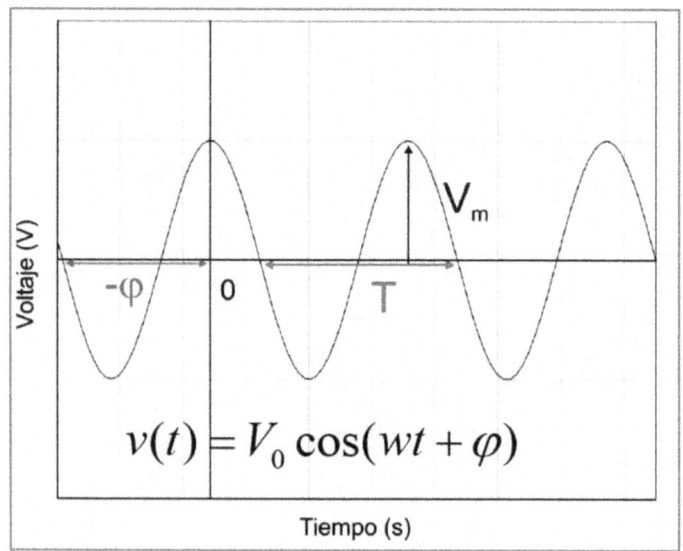

Análogamente para la intensidad

V_m = Valor máximo = valor de pico = valor de cresta.

$V(t)$ = Valor instantáneo.

T = Periodo: tiempo de un ciclo completo (s).

f = Frecuencia (lineal) = ciclos por segundo = 1/T [Hz].

ω = Pulsación (frecuencia angular): ωT=2π => ω= 2πf (rads $^{-1}$).

Φ = Ángulo de fase (rad) aunque se expresa en °.

Ventajas de una corriente alterna senoidal

- Función simple y bien definida.
- Cualquier función periódica se puede expresar como una suma de senos y cosenos de distintas frecuencias.
- Fácil de producir y transformar.

Valor medio

$$\langle f \rangle = \frac{1}{T}\int_0^T f\, dt \quad \begin{cases} \langle V \rangle = \dfrac{1}{T}\int_0^T V\, dt \\ \\ \langle I \rangle = \dfrac{1}{T}\int_0^T I\, dt \end{cases}$$

$$Si \quad V = V_o \cos\omega t \quad con \quad T = \frac{2\pi}{\omega}$$

$$\langle V \rangle = \frac{\omega}{2\pi} \int_0^T V_o \cos\omega t \, dt =$$

$$\frac{1}{2\pi} V_o \left[sen\omega t \right]_0^{2\pi/\omega} = 0$$

$$\langle I \rangle = \frac{\omega}{2\pi} \int_0^T I_o \cos\omega t \, dt =$$

$$\frac{1}{2\pi} I_o \left[sen\omega t \right]_0^{2\pi/\omega} = 0$$

Los valores medios no dan información sobre las corrientes alternas.

Caracterización de las corrientes alternas utilizando valores eficaces

$$f_{ef} = \sqrt{\langle f^2 \rangle} \quad \begin{cases} V_{ef} = \sqrt{\langle V^2 \rangle} \\ \\ I_{ef} = \sqrt{\langle I^2 \rangle} \end{cases}$$

$$\langle V^2 \rangle = \frac{\omega}{2\pi} \int_0^T V_o^2 \cos^2 \omega t \, dt =$$

$$\frac{\omega}{2\pi} V_o^2 \int_0^{2\pi/\omega} \frac{\cos 2\omega t + 1}{2} dt =$$

$$\frac{\omega}{2\pi} V_o^2 \frac{1}{2} \frac{2\pi}{\omega} = \frac{V_o^2}{2}$$

$$\boxed{V_{ef} = \frac{V_o}{\sqrt{2}}}$$

$$\langle I^2 \rangle = \frac{\omega}{2\pi} \int_0^T I_o^2 \cos^2 \omega t \, dt =$$

$$\frac{\omega}{2\pi} I_o^2 \int_0^{2\pi/\omega} \frac{\cos 2\omega t + 1}{2} dt =$$

$$\frac{\omega}{2\pi} I_o^2 \frac{1}{2} \frac{2\pi}{\omega} = \frac{I_0^2}{2}$$

$$\boxed{I_{ef} = \frac{I_o}{\sqrt{2}}}$$

Los voltímetros y amperímetros están diseñados para medir valores eficaces de la corriente o la tensión.

Significado físico de valor eficaz

Si tenemos una resistencia R que es atravesada por una corriente:

$$i(t) = I_m \cdot \cos\omega t$$

Entonces la energía disipada es:

$$W_{AC} = \int_0^t Ri^2(\tau)d\tau$$

Por lo que, ¿Cuánto vale la corriente continua que debe circular por R para disipar en un tiempo t la misma energía?

$$W_{DC} = \int_0^t RI^2\, d\tau = RI^2 t;$$

$$Si\ W_{DC} = W_{AC}$$

$$\Rightarrow RI^2 t = \int_0^t Ri^2(\tau)d\tau$$

$$I = \sqrt{\frac{1}{T}\int_0^t Ri^2(\tau)d\tau} = I_{eff}$$

Circuitos en Corriente alterna

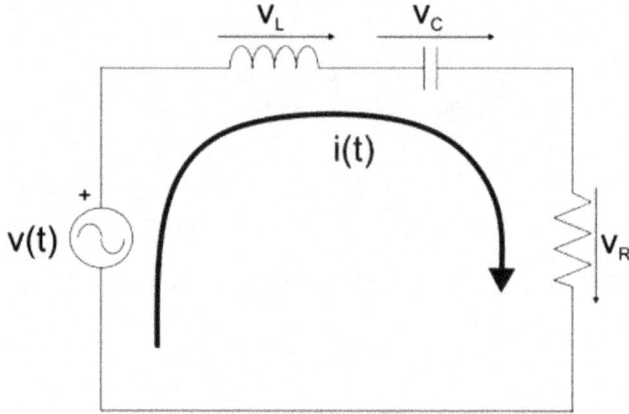

Siendo v(t) conocido, se quiere calcular i(t):

$$v(t) = v_L + v_C + v_R$$

$$v_L = L\frac{di}{dt} \qquad v_C = \frac{1}{C}\int_{t_0}^{t} i(\tau)d\tau$$

$$v_R = R_i$$

La ecuación resulta:

$$v(t) = L\frac{di}{dt} + \frac{1}{C}\int_{t_0}^{t} i(\tau)d\tau + Ri$$

$$\frac{dv(t)}{dt} = L\frac{d^2i}{dt^2} + \frac{1}{C}i + R\frac{di}{dt}$$

Respuesta transitoria - Respuesta permanente

Notación fasorial

En un circuito de corriente alterna, ω es la misma en todos los puntos del circuito, tanto para las corrientes como para los voltajes.

El valor de cada magnitud en un instante viene determinado por su amplitud y su fase.

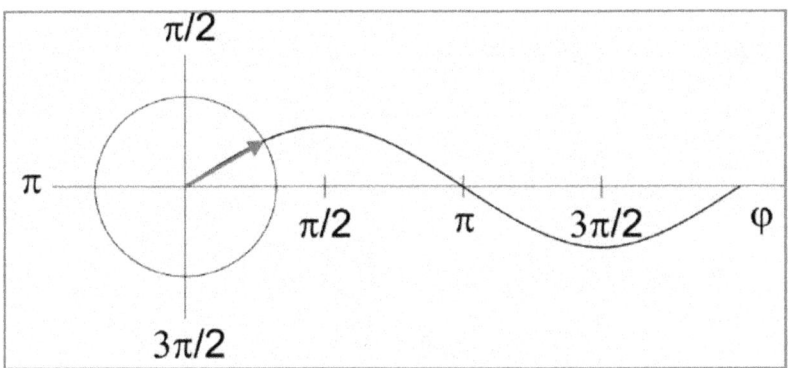

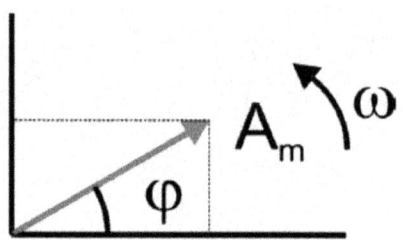

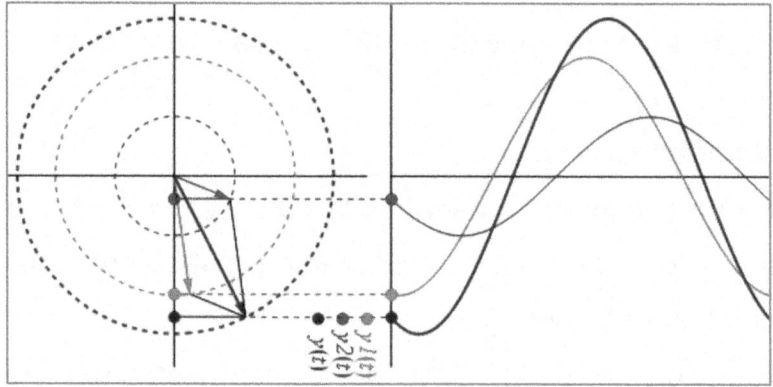

$$Y = A\sqrt{2}\cos(\omega t + \delta) \equiv Y = A\angle\delta$$

Números imaginarios

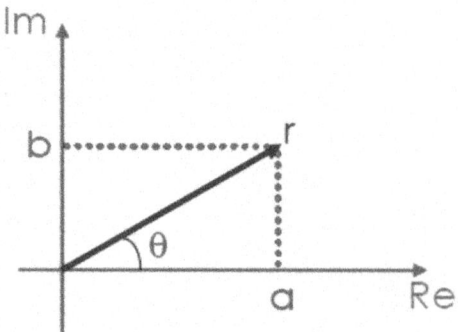

Coordenadas cartesianas

$$z = a + jb$$

Coordenadas polares

$$z = r_{\angle \theta}$$

Cambio de coordenadas

Cartesianas a polares:

$$r = \sqrt{a^2 + b^2}$$

$$\theta = arc\, tg\, \frac{b}{a}$$

Polares a cartesianas:

$$a = r \cos \theta$$

$$b = r\, sen\, \theta$$

Fórmula de Euler

$$re^{\pm j\theta} = r \cos \theta \pm jr\, sen\, \theta$$

Relación

Partimos de:

$$v(t) = \sqrt{2}V_0 \cos(\omega t + \varphi)$$

En notación fasorial:

$$\underline{v} = V_0 \angle \varphi = V_0 e^{j\varphi}$$

$$e^{j\omega t}$$

Multiplicamos por:

$$V_0 e^{j\varphi} \cdot e^{j\omega t} = V_0 e^{j(\varphi+\omega t)} =$$

$$V_0(\cos(\varphi + \omega t) + j\sin(\varphi + \omega t)$$

Relación de Euler:

$$\sqrt{2}\,\text{Re}(V_0 e^{j(\varphi+\omega t)}) =$$

$$\sqrt{2}V_0 \cos(\varphi + \omega t)$$

Una función sinoidal es representado unívocamente por su fasor.

Circuitos resistivos

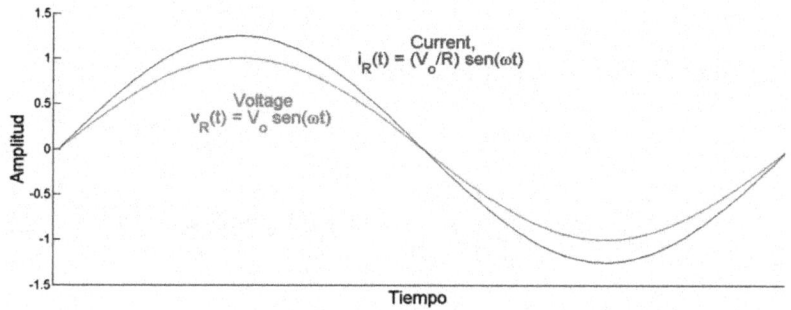

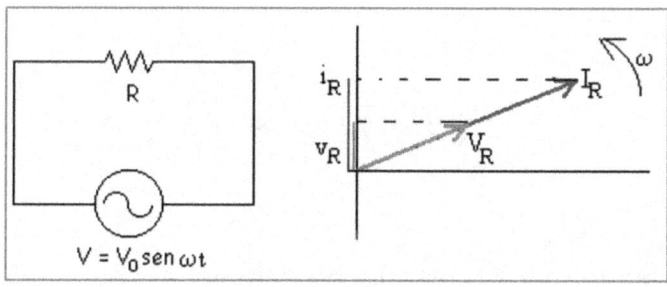

$$v_R(t) = V; \Rightarrow i_R(t) =$$

$$\frac{v_0(t)}{R} = \frac{v_0}{R} sen(\omega t)$$

Sólo varía el módulo no la fase ⇨ vR(t) e iR(t) están en fase.

Ley de Ohm en alterna con los valores de la amplitud.

Si escribimos el voltaje como:

$$v = Ri = R[I_m \cos(\omega t + \theta_i)] =$$

$$RI_m \cos(\omega t + \theta_i) =$$

$$V_m \cos(\omega t + \theta_i)$$

La transformación fasorial de este voltaje es:

$$\underline{V} = RI_m e^{j\theta_i} = RI_m \angle \theta_i$$

$$\boxed{\underline{V} = R\underline{I}}$$

Circuitos inductivos

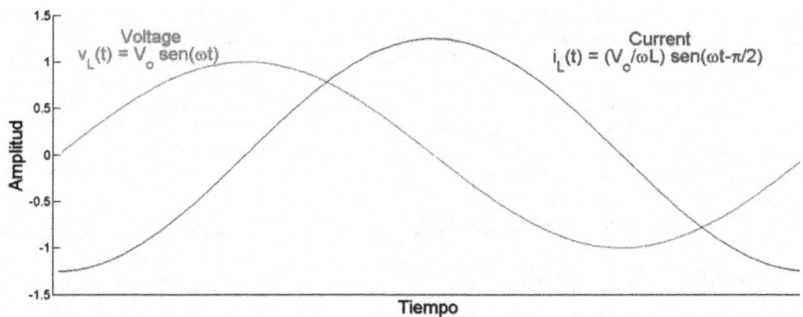

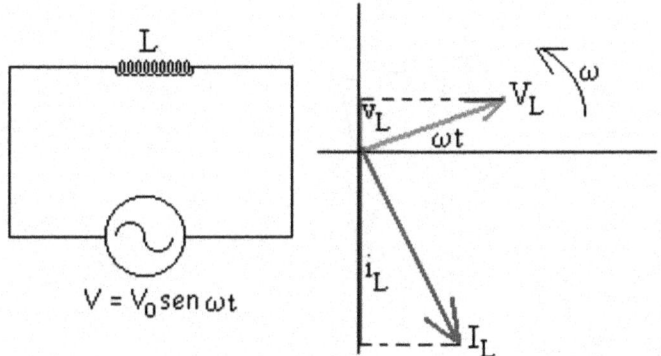

$$-L\frac{di_L}{dt} + V_o sen(\omega t) =$$

$$0;\ i_L(t) = -\frac{V_o}{\omega L}\cos(\omega t) =$$

$$\frac{V_o}{\omega L} sen(\omega t - \frac{\pi}{2})$$

$v_L(t)$ e $i_L(t)$ desfasadas en π/2 radianes, con la corriente retrasada.

Relación I - V: reactancia inductiva (depende de la frecuencia):

$$X_L = \frac{v_L}{i_L} = \omega L$$

$$v = L\frac{di}{dt} = L\frac{d[I_m \cos(\omega t + \theta_i)]}{dt} =$$

$$-\omega L I_m sen(\omega t + \theta_i) =$$

$$-\omega L I_m \cos(\omega t + \theta_i - 90°)$$

$$\underline{V} = -\omega L I_m e^{j(\theta_i - 90°)} = -\omega L I_m e^{j\theta_i} e^{-j90°} =$$

$$-\omega L I_m e^{j\theta_i}(-j) = j\omega L I_m e^{j\theta_i} = j\omega L \underline{I}$$

$$\underline{V} = j\omega L \underline{I}$$

$$\underline{V} = (\omega L \angle 90°)(I_m \angle \theta_i) =$$

$$\omega L I_m \angle (\theta_i + 90°)$$

Circuitos capacitivos

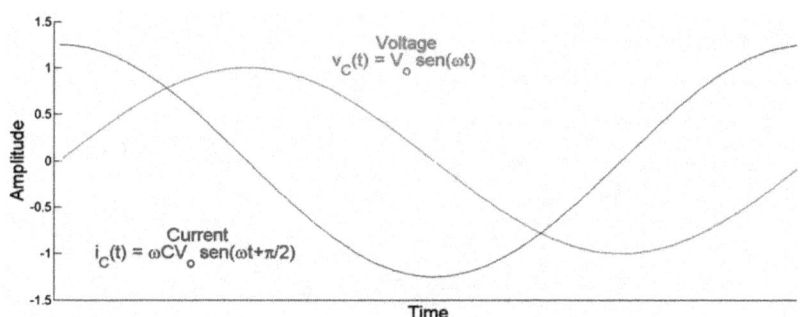

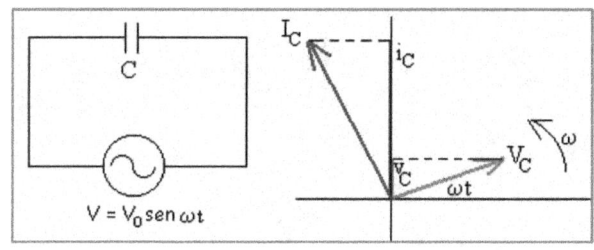

$$X_C = \frac{v_C}{i_C} = \frac{1}{\omega C}$$

$v_C(t)$ e $i_C(t)$ desfasadas en π/2 radianes, con la corriente adelantada.

Relación I-V: reactancia capacitiva (depende de la frecuencia).

En el condensador q = Cv =

$$CV_o sen(\omega t)$$

Como:

$$i_c(t) = \frac{dq}{dt} \Rightarrow i_c(t) = C\omega V_o \cos(\omega t) =$$

$$C\omega V sen(\omega t + \frac{\pi}{2})$$

$$i = C\frac{dv}{dt} = C\frac{d[V_m \cos(\omega t + \theta_v)]}{dt} =$$

$$-\omega C V_m sen(\omega t + \theta_v) =$$

$$-\omega C V_m \cos(\omega t + \theta_v - 90°)$$

$$\underline{I} = -\omega C V_m e^{j(\theta_v - 90°)} =$$

$$-\omega C V_m e^{j\theta_v} e^{-j90°} =$$

$$-\omega C V_m e^{j\theta_v}(-j) =$$

$$= j\omega C V_m e^{j\theta_v} = j\omega C \underline{V}$$

$$\underline{V} = \frac{1}{j\omega C}\underline{I}$$

$$\underline{V} = \left(\frac{1}{\omega C}\angle -90°\right)(I_m \angle \theta_i) =$$

$$\frac{1}{\omega C}I_m \angle (\theta_i - 90°)$$

Impedancia

En los tres casos anteriores tenemos que se puede establecer una relación entre la corriente fasorial y la corriente fasorial.

El fasor tensión puede expresarse como el producto de una cantidad compleja por el fasor corriente.

$$V = RI$$
$$V = j\omega L I$$
$$V = \frac{-j}{\omega C} I$$

Impedancia
Cociente entre el fasor tensión y el fasor corriente.

$$\underline{V} = Z\underline{I}$$

Por lo tanto se cumple la ley de Ohm
Z es un número complejo, pero no un fasor, ya que no se corresponde con ninguna función sinusoidal en el dominio temporal.

Impedancia y reactancia

Resistencia

$$Z_R = R$$

Bobina

$$Z_L = j\omega L$$

Condensador

$$Z_C = \frac{-j}{\omega C}$$

$$Z = R + jX\,[\Omega]$$

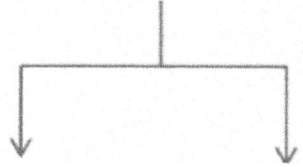

Re(Z) = R: Resistencia[Ω] - Re(Z) = X: Reactancia[Ω]

$$X_L = \omega L > 0$$

$$X_L = -\frac{1}{\omega C} < 0$$

Leyes de Kirchhoff en corriente alterna

Las Leyes de Kirchhoff: conservación de la energía en una malla (LKM) y de la carga en un nudo (LKN).

Estas leyes de conservación son principios físicos de validez universal, y no dependen del tipo de corriente que se tenga.

Por tanto, las LK también se cumplen en el caso de la corriente alterna.

Gráficamente, obtenemos Vo sumando los fasores

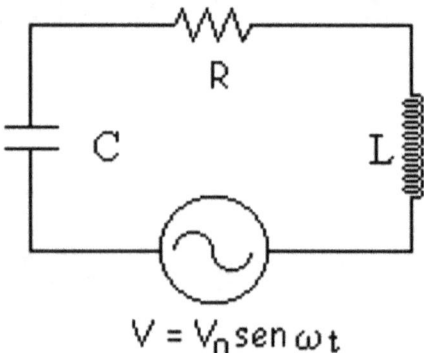

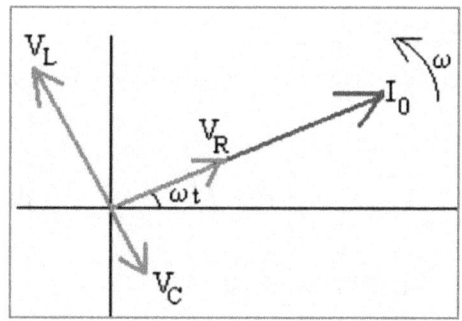

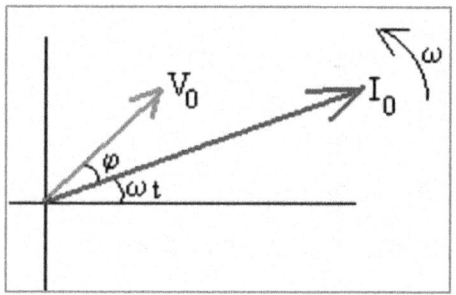

Si calculamos Vo analíticamente:

$$V_o = \sqrt{v_R^2 + (v_L^2 - v_C^2)} =$$

$$I_o \sqrt{R^2 + (\omega L - \frac{1}{\omega C})^2}$$

Circuitos RLC en CA

El desfase φ se mide de I con respecto a V:

$$v(t) = V_m sen(\omega t) \equiv \vec{V} = V_m \angle 0°$$

$$i(t) = I_m sen(\omega t \mp |\varphi|) \equiv \vec{I} = I_m \angle \mp |\varphi|°$$

$$i(t)\,atrasa \Rightarrow \varphi > 0 \Rightarrow \vec{I} = I_m \angle -|\varphi|°;\ (L)$$

$$i(t)\,adelanta \Rightarrow \varphi < 0 \Rightarrow \vec{I} = I_m \angle +|\varphi|°;\ (C)$$

Para cualquier elemento en CA

La relación entre ambas magnitudes:

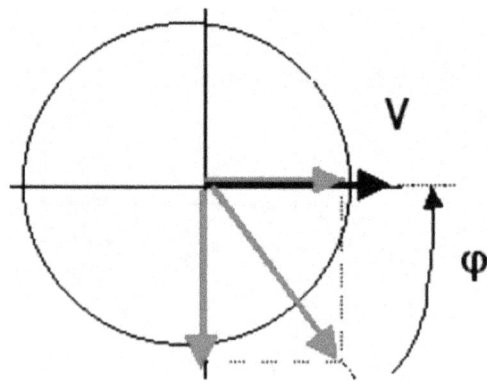

Ley de Ohm generalizada:

$$\vec{V} = \vec{Z}\vec{I}$$

La impedancia:

$$\vec{Z} = \frac{\vec{V}}{\vec{I}} = \frac{V_m}{I_m}\underline{|\pm\varphi°}\ [\Omega]$$

La admitancia:

$$\vec{Y} = \frac{1}{\vec{Z}} = \frac{I_m}{V_m}\underline{|\mp\varphi°}\ [\Omega^{-1}]$$

En forma binómica:

$$\vec{Z} = R + jX;$$

$$R = \mathrm{Re}(\vec{Z}) = |\vec{Z}|\cos\varphi \text{ es la resistencia.}$$

$$X = \mathrm{Im}(\vec{Z}) = |\vec{Z}|sen\,\varphi \text{ es la reactancia;}$$

$$X = L\omega - \frac{1}{\omega C}$$

Reactancia inductiva:

$$X>0 \Rightarrow L$$

Reactancia capacitiva:

$$X<0 \Rightarrow C$$

Teoremas de circuitos en CA

- Teorema de superposición:

Válido con las fuentes de alterna.

- Teoremas de Thévenin y de Norton:

Válidos sustituyendo R por Z.

- Los parámetros se hayan de la misma manera:

V_{th}: voltaje en abierto entre los terminales.
IN: intensidad de cortocircuito, ICC.
R_{th}= RN = V_{th}/ICC.

- Máxima transferencia de potencia:

ZL=Z*th (complejo conjugado de la Zth equivalente entre los terminales).

Potencia en Corriente Alterna

En cualquier elemento: P=VI

$$v = V_m \cos(\omega t + \theta_v - \theta_i)$$
$$i = I_m \cos(\omega t)$$

$$p = vi = (V_m \cos(\omega t + \theta_v - \theta_i))*(I_m \cos(\omega t))$$

$$p = V_m I_m \cos(\omega t + \theta_v - \theta_i)\cos(\omega t)$$

A través de las reglas trigonométricas:

$$\cos\alpha\cos\beta = \frac{1}{2}\cos(\alpha-\beta)+\frac{1}{2}\cos(\alpha+\beta)$$
$$\cos(\alpha+\beta) = \cos\alpha\cos\beta - sen\alpha sen\beta$$

Obtenemos que la potencia instantánea sea:

$$p = V_m I_m \cos(\omega t + \theta_v - \theta_i)\cos(\omega t) =$$

$$= \frac{V_m I_m}{2}\cos(\theta_v - \theta_i) + \frac{V_m I_m}{2}\cos(\theta_v - \theta_i)\cos(2\omega t)$$

$$-\frac{V_m I_m}{2} ses(\theta_v - \theta_i) sen(2\omega t) =$$

$$V_f I_f \cos(\theta_v - \theta_i) + V_f I_f \cos(\theta_v - \theta_i)\cos(2\omega t)$$

$$-V_f I_f sen(\theta_v - \theta_i) sen(2\omega t)$$

Potencia instantánea

La potencia instantánea pasa a través de dos ciclos completos por cada ciclo ya sea de voltaje o la corriente. La potencia instantánea puede ser negativa durante una porción de cada ciclo. En una red completamente pasiva, la potencia negativa implica que la energía almacenada en los inductores o capacitores se está extrayendo. El hecho de que la potencia instantánea varíe con el tiempo en la operación de estado permanente senoidal de un circuito explica por qué algunos aparatos accionados por motor (tales como los refrigeradores) experimente vibraciones y requieran montajes flexibles del motor para evitar la vibración excesiva.

Potencia activa (promedio) y reactiva

$$p = V_f I_f \cos(\theta_v - \theta_i) +$$

$$V_f I_f \cos(\theta_v - \theta_i)\cos(2\omega t) -$$

$$V_f I_f ses(\theta_v - \theta_i) sen(2\omega t) =$$

$$P + P\cos(2\omega t) - Q\operatorname{sen}(2\omega t)$$

Potencia activa o promedio, unidades en vatios (W)

$$P = V_f I_f \cos(\theta_v - \theta_i)$$

Es la potencia reactiva, unidades en voltio-amperio reactivos (VAR)

$$Q = V_f I_f \operatorname{sen}(\theta_v - \theta_i)$$

Se puede ver que P es la potencia promedio de la potencia instantánea donde T es el periodo de una onda senoidal:

$$P = \frac{1}{T} \int_{t_o}^{t_o + T} p\, dt$$

Para una resistencia (R)
En este caso la corriente y el voltaje están en fase, lo que significa que:

$$\theta_v - \theta_i = 0 \quad P = V_f I_f$$

$$\boxed{Q = 0}$$

Y la potencia real instantánea es:

$$p = P + P\cos 2\omega t$$

Nunca será negativa, por lo que la potencia no puede extraerse de una red puramente resistiva, sino que toda la energía se disipa en la forma de energía térmica (efecto Joule).

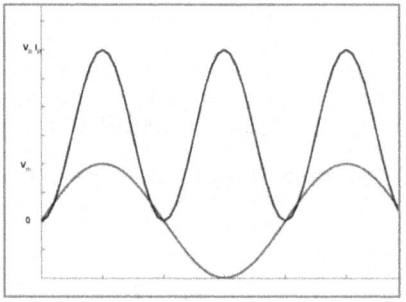

Potencias en circuitos puramente inductivos

En este caso el voltaje adelanta a la corriente en 90°:

$$\theta_v - \theta_i = 90°$$

En este caso la potencia promedio (activa es cero), por lo que no se produce un trabajo efectivo, es decir, no ocurre ninguna transformación de energía de la forma eléctrica a la no eléctrica.

$$P = 0$$

La potencia reactiva es el producto de la tensión por la intensidad:

$$Q = V_f I_f$$

Y la potencia real instantánea es:

$$p = -|Q|sen2\omega t$$

La potencia instantánea en los terminales del circuito continuamente se está intercambiando entre el circuito y la fuente que activa a este mismo, a una frecuencia 2ω. Cuando es positiva, la energía se está almacenando en los campos magnéticos asociados a las inductancias, y cuando es negativa, se está extrayendo de los campos magnéticos.

Potencias en circuitos puramente capacitivos
En este caso el voltaje retrasa respecto a la corriente en 90º:

$$\boxed{\theta_v - \theta_i = -90º}$$

La potencia activa o promedio es:

$$P = 0$$

La potencia reactiva es:

$$Q = -V_f I_f$$

Y la potencia real instantánea es:

$$p = |Q|sen2\omega t$$

En este caso la potencia promedio (activa es cero), por lo que no se produce un trabajo efectivo, es decir, no ocurre ninguna transformación de energía de la forma eléctrica a la no eléctrica. La potencia se intercambia continuamente entre la fuente que excita el circuito y el campo eléctrico asociado con los elementos capacitivos.

El factor de potencia

Se conoce como ángulo del factor de potencia, y se denomina factor de potencia (FP, fdp) a:

$$\boxed{FP = \cos(\theta_v - \theta_i)}$$

Como vemos el FP es positivo tanto en circuito puramente capacitivos como inductivos por lo que para describir complemente este ángulo, utilizaremos frases descriptivas como: factor de potencia retrasado (o inductivo) y factor de potencia adelantado (o capacitivo).

Potencia aparente o compleja

Tomando para V e I valores eficaces, definimos:

$$\vec{S} = \vec{V}\vec{I}^* =$$
$$V_{ef}I_{ef}(\cos\varphi + jsen\varphi) =$$
$$\vec{I}_{ef}^2\vec{Z} = V_{ef}I_{ef}\angle\varphi°$$

Entonces su módulo es la potencia aparente, S:

$$\left|\vec{S}\right| = S = V_{ef}I_{ef} = I_{ef}^2 Z \ [VA]$$

La parte real es la potencia activa, P:

$$\text{Re}\left(\vec{S}\right) = V_{ef}I_{ef}\cos\varphi =$$

$$I_{ef}^2 Z \cos\varphi = I_{ef}^2 R \ [W]$$

La parte imaginaria es la potencia reactiva, Q:

$$\text{Im}\left(\vec{S}\right) = V_{ef}I_{ef}\,sen\,\varphi =$$

$$\boxed{I_{ef}^2 Z\,sen\,\varphi = I_{ef}^2 X \ [VAr]}$$

Triángulo de potencia

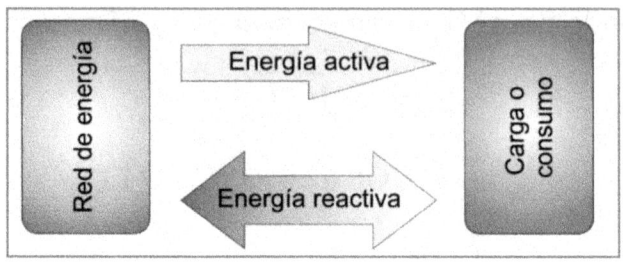

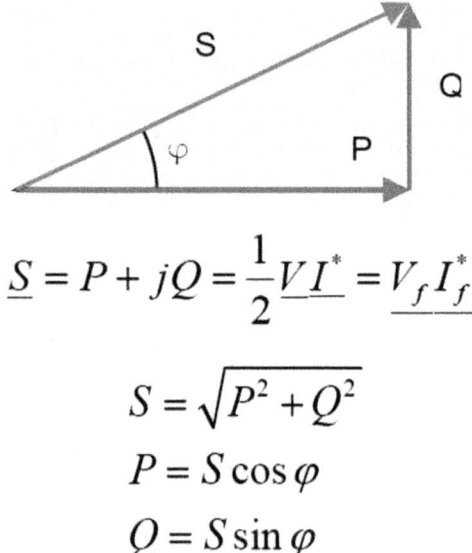

$$\underline{S} = P + jQ = \frac{1}{2}\underline{VI^*} = \underline{V_f I_f^*}$$

$$S = \sqrt{P^2 + Q^2}$$

$$P = S \cos\varphi$$

$$Q = S \sin\varphi$$

Corrección del factor de potencia

-S es la potencia total entregada a la impedancia.

-P es la potencia consumida en las resistencias.

- Componente de I en fase con V (P(t)med)
- Es la potencia que se aprovecha ⇨A maximizar

-Q es la potencia intercambiada con L y C.

- Componente de I desfasada de V 90° (π/2 rad).
- Necesaria para que L y C "funcionen".

-Factor de potencia (FP): Cos φ (entre 0 y 1).
- Indica la potencia aprovechable.
- En atraso: Z=R+jXL (bobina).
- En adelanto: Z=R-jXC (condensador).

-Un FP bajo:
- Aumenta la corriente consumida.
- Aumentan las pérdidas en las líneas.
- Disminuye el rendimiento.
- Aumenta la caída de tensión en las líneas.
- Aumenta la potencia aparente consumida

-Es conveniente trabajar con factores de potencia próximos a la unidad.

-Algunas cargas pueden necesitar para su funcionamiento potencia reactiva (generalmente son de tipo inductivo = alimentación de motores).

-Es necesario compensar el consumo de potencia reactiva mediante baterías de condensadores.

Normalmente FP en atraso (motores, inducción)
Debe corregirse (j-> 0) con C en paralelo.

$$Q_C = P(\tan \varphi_o - \tan \varphi_m)$$

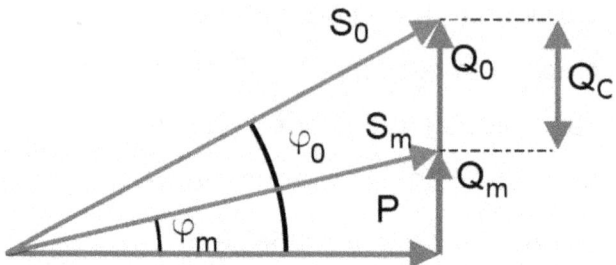

En la que:

P es la potencia activa.

Q es la potencia reactiva inductiva de la carga.

Qc es la potencia reactiva capacitiva de los condensadores.

φ$_m$ es el valor del ángulo que fija en nuevo factor de potencia.

Filtros

Los circuitos analizados han sido con fuentes senoidales de frecuencia constante.

¿Qué pasa cuando se varía la frecuencia?

$$X_L = \omega L$$

$$X_C = \frac{1}{\omega C}$$

Modificación de la impedancia de capacitores e inductores, ya que la impedancia de estos elementos es una función de la frecuencia.

Filtro pasa-baja

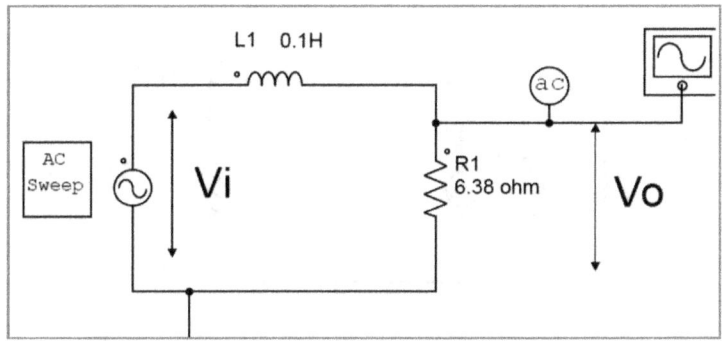

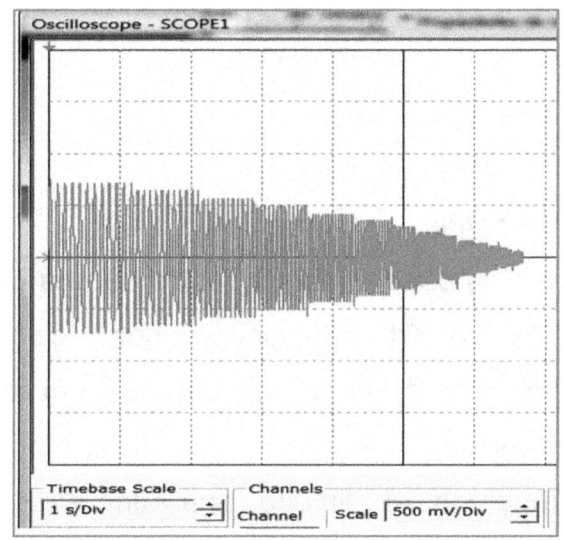

$$1/\sqrt{2} = A/A_{max} \qquad 20\log\left(1/\sqrt{2}\right)$$

$$\omega_c = \frac{R}{L}$$

Filtro pasa-alta

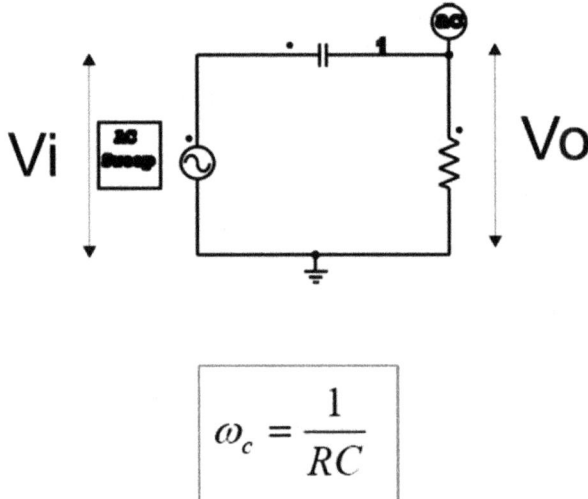

$$\boxed{\omega_c = \frac{1}{RC}}$$

Filtro pasa banda

Este filtro deja pasar voltajes dentro de una banda de frecuencias. Los filtros de paso banda ideales tienen dos frecuencias de corte, las cuales identifican a la banda de paso.

En a) tenemos el circuito equivalente cuando la frecuencia es cero, en este caso el condensador tiene una impedancia muy elevada y no circula corriente y la caída en la resistencia es cero.

Cuando la frecuencia es infinita caso b) la impedancia de la bobina es muy elevado y tampoco circula corriente. Por lo que vemos que para frecuencias altas y bajas no hay salida, es decir, hay un ancho de banda de frecuencia intermedias entre las que si tenemos una salida.

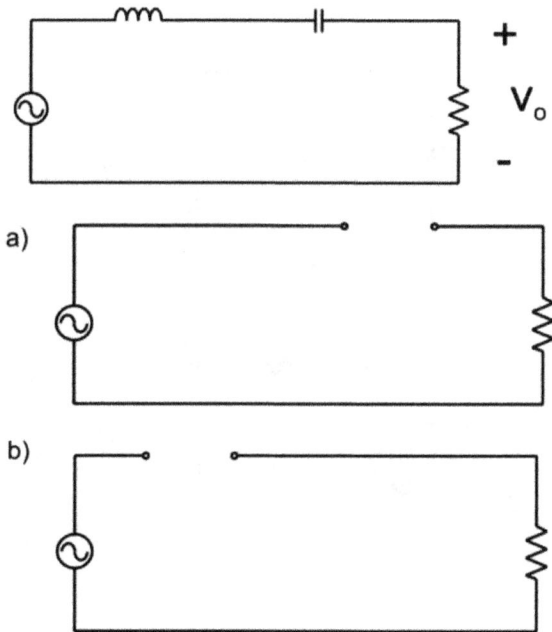

Filtro rechazo de banda

Este filtro deja pasar voltajes fuera de la banda entre dos frecuencias de corte. Para frecuencias altas tenemos el circuito equivalente a) en donde la bobina tiene una impedancia muy elevada, por lo que el voltaje de la entrada pasa a la salida. Para frecuencias bajas, el condensador tiene una impedancia muy alta y otra vez el voltaje de la entrada pasa a la salida. En cambio, para frecuencias intermedias la impedancia de la bobina y el condensador, es baja, y el voltaje a la salida es pequeño.

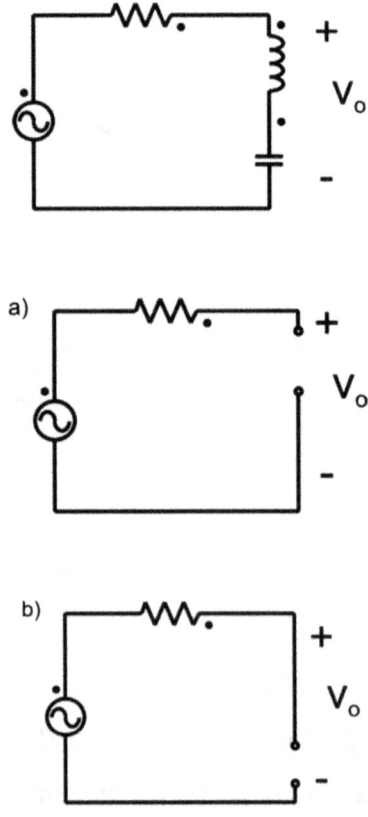

Sistemas trifásicos

Hasta el momento hemos estado siempre trabajando con una única fuente de voltaje alterna o con varias fuentes de voltaje que eran "independientes" entre sí. El nombre que recibe este tipo de sistemas eléctricos es "sistema monofásico" y cada tensión estaba caracterizada por una amplitud (o valor eficaz) y una frecuencia ω.

$$v(t) = \sqrt{2} V_{ef} sen(\omega t)$$

Sistemas trifásicos

En ciertas ocasiones, sin embargo, es conveniente trabajar con "sistemas trifásicos": tres fuentes de tensión monofásicas, de igual frecuencia pero manteniendo entre sí un desfase de 120º (2π/3 radianes) constituyendo un sistema trifásico de tensiones.

360º/3 = 120º

En este sentido, cuando tenemos tres corrientes alternas, con igual frecuencia y desfases mutuos de 120º, nos encontramos ante un sistema trifásico de corrientes.

Los sistemas trifásicos son más eficaces en el transporte de energía.

La potencia P en sistema trifásico es constante: par en los motores constante ⇨ equilibrio mecánico en los motores trifásicos (menores vibraciones y esfuerzos). Ventajas en el arranque de los motores trifásicos (no precisan de arrancadores).

Definición de un sistema trifásico equilibrado
- Igual pulsación.
- Igual amplitud.

$$v_1(t) = \sqrt{2}V_0 \sin(\omega t + \varphi)$$

$$v_2(t) = \sqrt{2}V_0 \sin(\omega t + \varphi + \frac{2\pi}{3})$$

$$v_3(t) = \sqrt{2}V_0 \sin(\omega t + \varphi - \frac{2\pi}{3})$$

Desfase uniforme de 120°

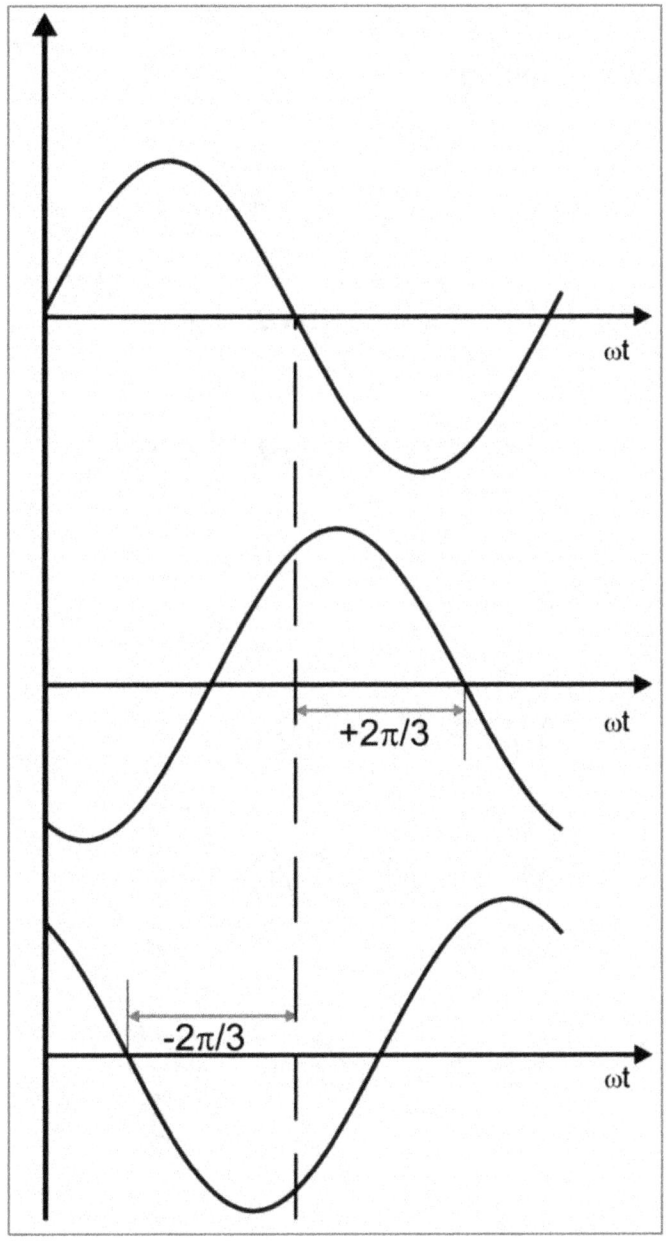

Ingeniería eléctrica · Teoría de Circuitos · *Ing. Miguel D'Addario*

Notación de un sistema trifásico equilibrado

Notación de ondas

$$v_1(t) = \sqrt{2}V_0 \sin(\omega t + \varphi)$$

$$v_2(t) = \sqrt{2}V_0 \sin(\omega t + \varphi + \frac{2\pi}{3})$$

$$v_3(t) = \sqrt{2}V_0 \sin(\omega t + \varphi - \frac{2\pi}{3})$$

Notación fasorial

$$v_1 = V_0 \angle \varphi$$

$$v_2 = V_0 \angle \varphi + \frac{2\pi}{3}$$

$$v_3 = V_0 \angle \varphi - \frac{2\pi}{3}$$

Diagrama fasorial

$$v_1 = V_0 \angle \varphi$$

$$v_2 = V_0 \angle \varphi + \frac{2\pi}{3}$$

$$v_3 = V_0 \angle \varphi - \frac{2\pi}{3}$$

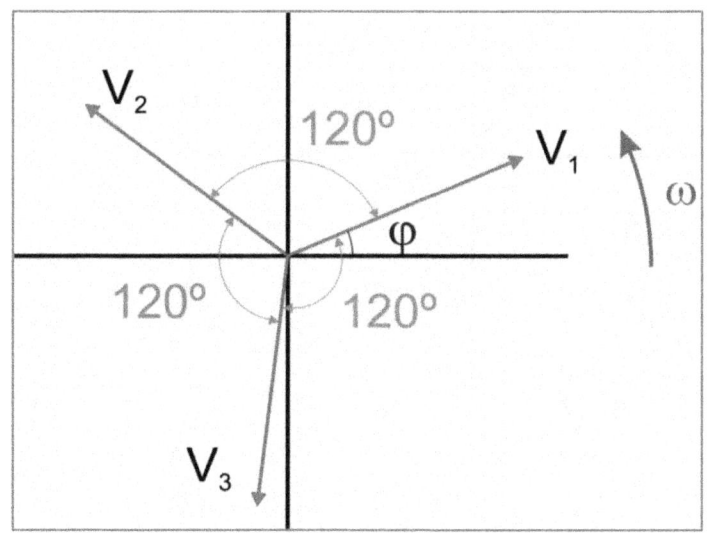

$$v_1(t) + v_2(t) + v_3(t) =$$

$$\sqrt{2}V_{ef}\,sen(\omega t) + \sqrt{2}V_{ef}\,sen\left(\omega t - \frac{2\pi}{3}\right) +$$

$$\sqrt{2}V_{ef}sen\left(\omega t - \frac{4\pi}{3}\right) = 0$$

Secuencias

Secuencia directa

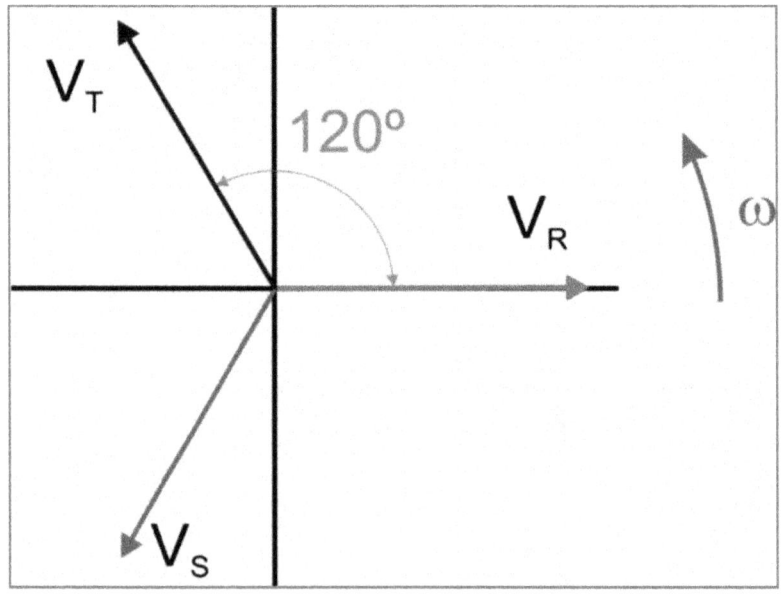

$$v_R(t) = \sqrt{2}V_0 \sin(\omega t + \varphi) \Rightarrow V_0 \angle 0°$$

$$v_S(t) = \sqrt{2}V_0 \sin(\omega t + \varphi - \frac{2\pi}{3}) \Rightarrow V_0 \angle -120°$$

$$v_T(t) = \sqrt{2}V_0 \sin(\omega t + \varphi + \frac{2\pi}{3}) \Rightarrow V_0 \angle +120°$$

Secuencia indirecta

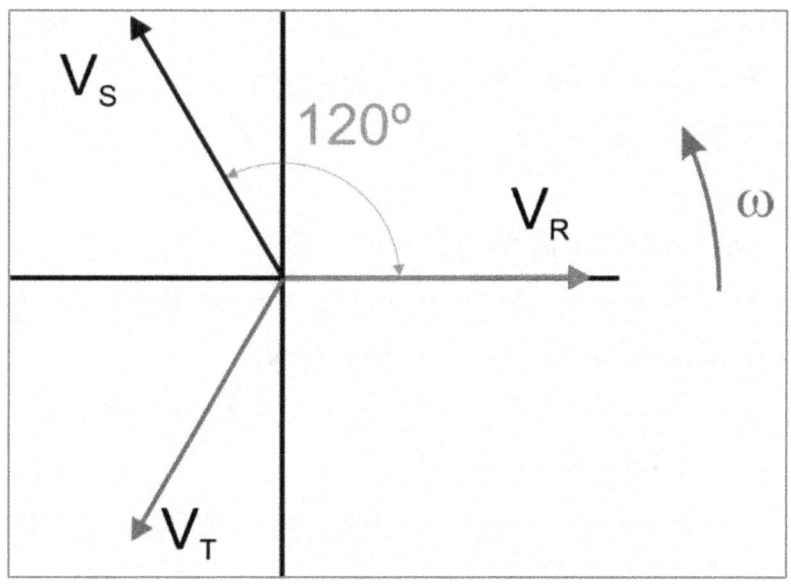

$$v_R(t) = \sqrt{2}V_0 \sin(\omega t + \varphi) \Rightarrow V_0 \angle 0°$$

$$v_S(t) = \sqrt{2}V_0 \sin(\omega t + \varphi + \frac{2\pi}{3}) \Rightarrow V_0 \angle +120°$$

$$v_T(t) = \sqrt{2}V_0 \sin(\omega t + \varphi - \frac{2\pi}{3}) \Rightarrow V_0 \angle -120°$$

Conceptos fundamentales

Tensión de fase: V_f, tensión entre extremos de fase (fase y neutro).

Tensión de línea: V_L, tensión entre los conductores de fase de una línea trifásica.

Intensidad de fase: I_f, intensidad que circula por una fase.

Intensidad de línea: I_L, intensidad que circula por cada conductor que une fuente y carga.

Conexión en estrella **Y**

Los tres elementos de una estrella se unen en un punto común denominado neutro (N).

- Sistema trifásico tetrafilar: 3 fases RST con neutro N.
- Sistema trifásico trifilar: 3 fases RST, sin neutro accesible.

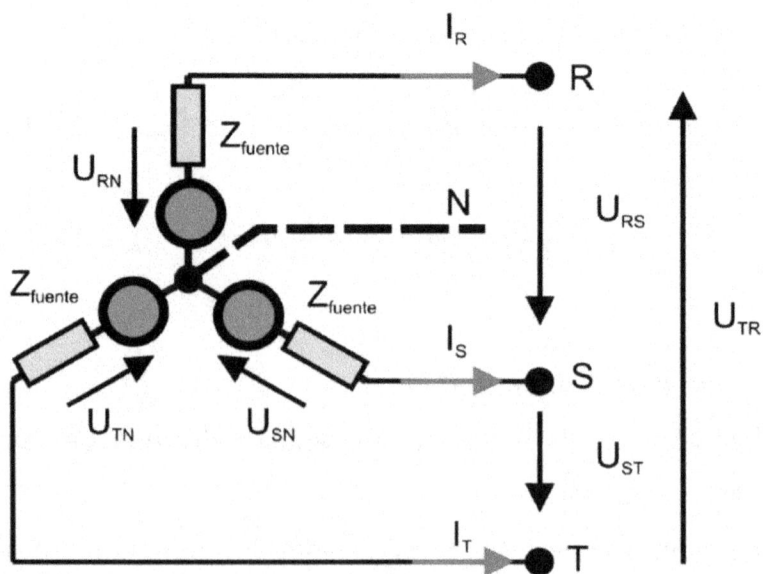

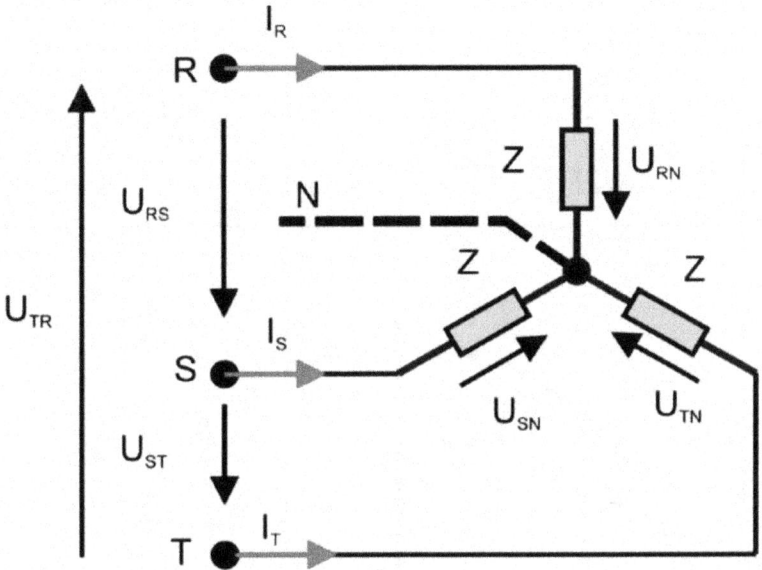

Tensiones e intensidades de fase en Y

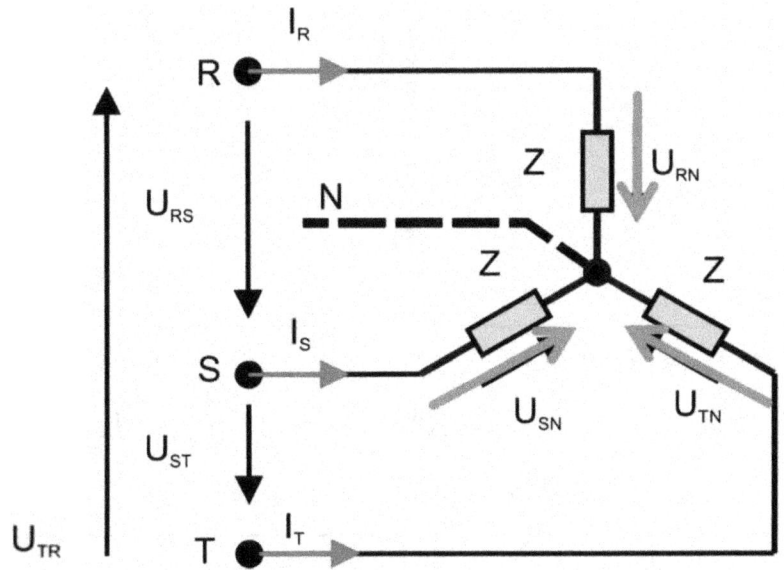

$$U_R(t) = \sqrt{2}V_{ef}sen(\omega t) \Leftrightarrow \underline{U_R} = V_{ef}\angle 0°$$
$$U_S(t) = \sqrt{2}V_{ef}sen(\omega t - 120°) \Leftrightarrow \underline{U_S} = V_{ef}\angle -120°$$
$$U_T(t) = \sqrt{2}V_{ef}sen(\omega t - 240°) \Leftrightarrow \underline{U_T} = V_{ef}\angle -240°$$

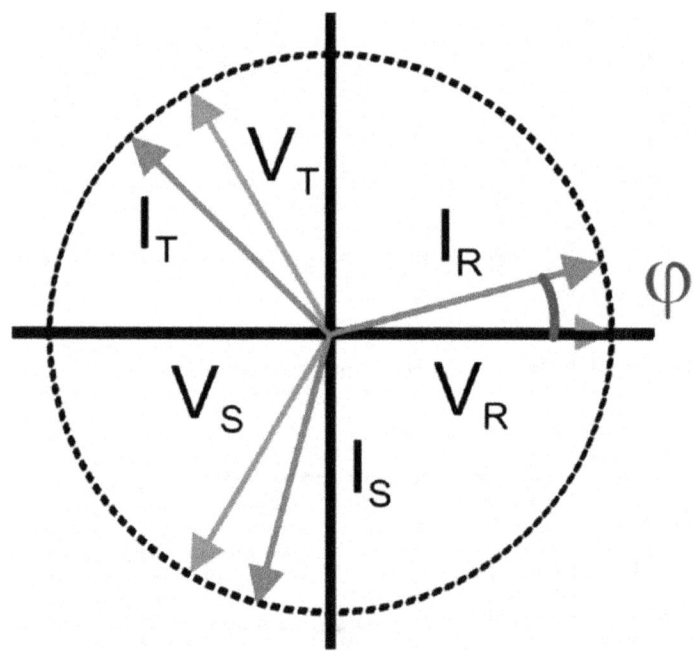

$$I_R(t) = \sqrt{2}I_{ef}sen(\omega t - \varphi) \Leftrightarrow \underline{I_R} = I_{ef}\angle 0° - \varphi$$
$$I_S(t) = \sqrt{2}I_{ef}sen(\omega t - 120° - \varphi) \Leftrightarrow \underline{I_S} = I_{ef}\angle -120° - \varphi$$
$$I_T(t) = \sqrt{2}I_{ef}sen(\omega t - 240° - \varphi) \Leftrightarrow \underline{I_T} = I_{ef}\angle -240° - \varphi$$

Ingeniería eléctrica · Teoría de Circuitos · *Ing. Miguel D'Addario*

Tensiones e intensidades de línea en Y

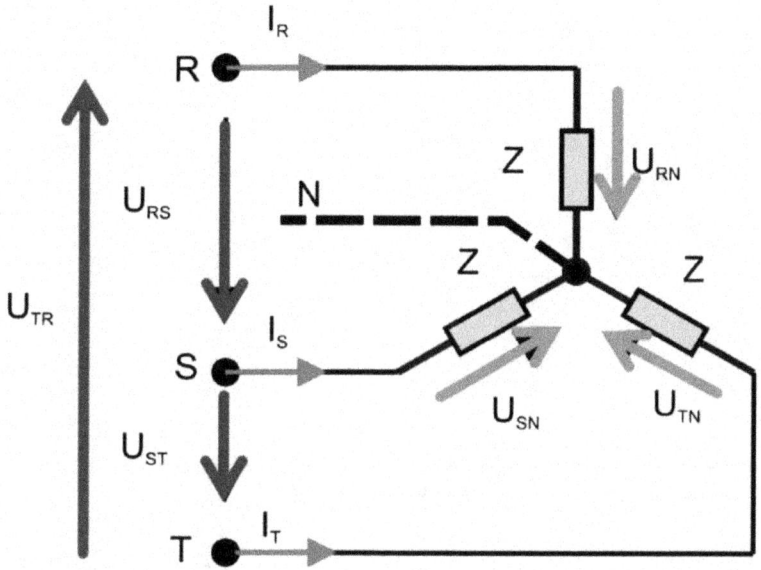

$$\underline{U_{RS}} = \underline{U_{RN}} - \underline{U_{SN}} = V_{ef}\angle 0° - V_{ef}\angle -120°$$

$$= V_{ef}\left(\cos 0° + jsen0°\right) +$$

$$-V_{ef}\left(\cos(-120°) + jsen(-120°)\right) =$$

$$V_{ef}\left(1 + \frac{1}{2} + j\frac{\sqrt{3}}{2}\right) = V_{ef}\left(\frac{3}{2} + j\frac{\sqrt{3}}{2}\right) =$$

$$\sqrt{3}V_{ef}\left(\frac{\sqrt{3}}{2} + j\frac{1}{2}\right) = \sqrt{3}V_{ef}\left(\cos 30° + jsen30°\right) =$$

$$= \sqrt{3}V_{ef}\angle 30°$$

$$\underline{U_{ST}} = \underline{V_{SN}} + \underline{V_{NT}} = \sqrt{3}V_{ef}\angle 90°$$

$$\underline{U_{TR}} = \underline{V_{TN}} + \underline{V_{NR}} = \sqrt{3}V_{ef}\angle 150°$$

$$\begin{cases} U_R(t) = \sqrt{2}V_{ef}\,sen(\omega t) \Leftrightarrow \underline{U_R} = V_{ef}\angle 0° \\ U_S(t) = \sqrt{2}V_{ef}\,sen(\omega t - 120°) \Leftrightarrow \underline{U_S} = V_{ef}\angle -120° \\ U_T(t) = \sqrt{2}V_{ef}\,sen(\omega t - 240°) \Leftrightarrow \underline{U_T} = V_{ef}\angle -240° \end{cases}$$

$$\begin{cases} I_R(t) = \sqrt{2}I_{ef}\,sen(\omega t - \varphi) \Leftrightarrow \underline{I_R} = I_{ef}\angle 0° - \varphi \\ I_S(t) = \sqrt{2}I_{ef}\,sen(\omega t - 120° - \varphi) \Leftrightarrow \underline{I_S} = I_{ef}\angle -120° - \varphi \\ I_T(t) = \sqrt{2}I_{ef}\,sen(\omega t - 240° - \varphi) \Leftrightarrow \underline{I_T} = I_{ef}\angle -240° - \varphi \end{cases}$$

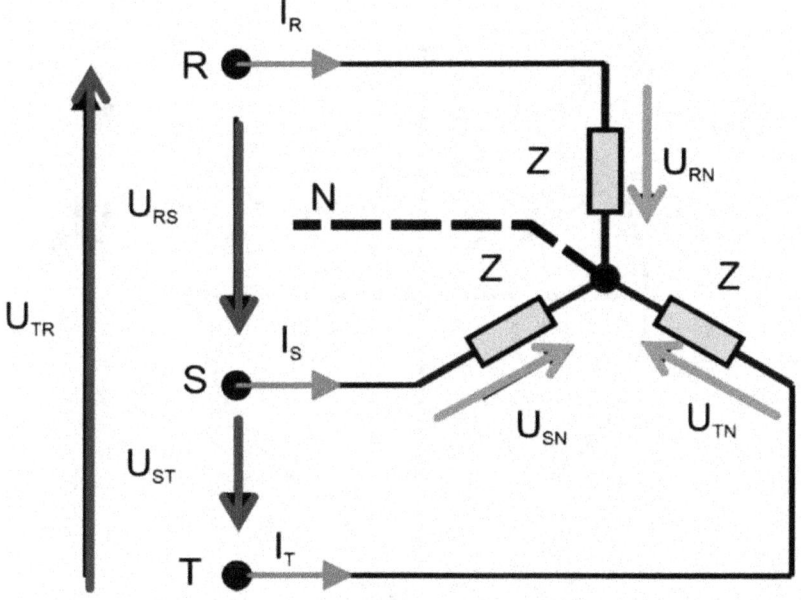

$$U_{ab} = U_{an} - U_{bn}$$

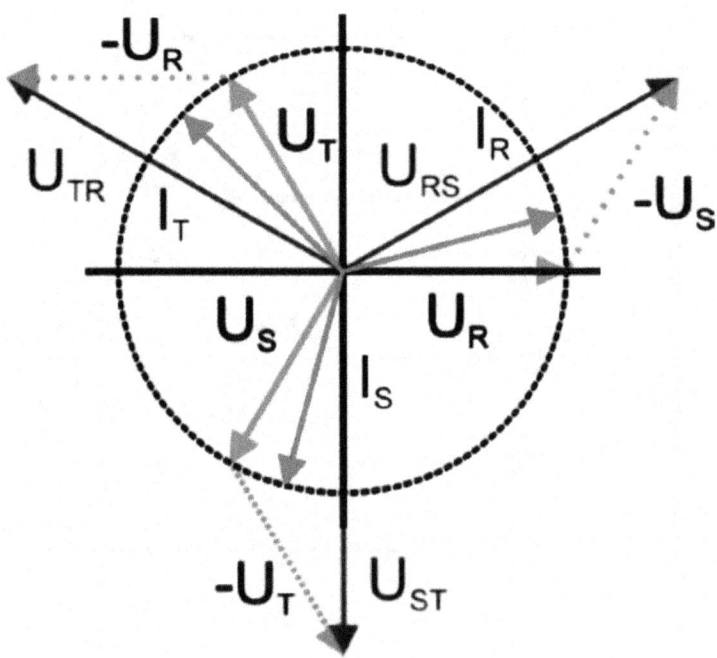

Secuencias directa e indirecta en conexión en **Y**

Directa

$$\vec{U}_{RN} = E\angle 0°$$
$$\vec{U}_{SN} = E\angle -120°$$
$$\vec{U}_{TN} = E\angle +120°$$

$$\vec{U}_{RS} = \vec{U}_{RN} - \vec{U}_{SN} = E\angle 0° - E\angle -120° = \sqrt{3}\vec{U}_{RN}\angle +30°$$
$$\vec{U}_{ST} = \vec{U}_{SN} - \vec{U}_{TN} = E\angle -120° - E\angle +120° = \sqrt{3}\vec{U}_{SN}\angle +30°$$
$$\vec{U}_{TR} = \vec{U}_{TN} - \vec{U}_{RN} = E\angle -120° - E\angle 0° = \sqrt{3}\vec{U}_{TN}\angle +30°$$

Inversa

$$\vec{U}_{RN} = E\angle 0°$$
$$\vec{U}_{SN} = E\angle +120°$$
$$\vec{U}_{TN} = E\angle -120°$$

$$\vec{U}_{RS} = \vec{U}_{RN} - \vec{U}_{SN} = E\angle 0° - E\angle 120° = \sqrt{3}\vec{U}_{RN}\angle -30°$$
$$\vec{U}_{ST} = \vec{U}_{SN} - \vec{U}_{TN} = E\angle 120° - E\angle -120° = \sqrt{3}\vec{U}_{SN}\angle -30°$$
$$\vec{U}_{TR} = \vec{U}_{TN} - \vec{U}_{RN} = E\angle -120° - E\angle 0° = \sqrt{3}\vec{U}_{TN}\angle -30°$$

Tensión de línea adelanta 30° respecto a la de fase

Directa

$$\vec{U}_{RS} = \sqrt{3}\vec{U}_{RN}\angle +30°$$

$$\vec{U}_{ST} = \sqrt{3}\vec{U}_{SN}\angle +30°$$

$$\vec{U}_{TR} = \sqrt{3}\vec{U}_{TN}\angle +30°$$

$$U_L = \sqrt{3}E$$

Tensión de línea retrasa 30° respecto a la de fase

Inversa

$$\vec{U}_{RS} = \sqrt{3}\vec{U}_{RN}\angle -30°$$

$$\vec{U}_{ST} = \sqrt{3}\vec{U}_{SN}\angle -30°$$

$$\vec{U}_{TR} = \sqrt{3}\vec{U}_{TN}\angle -30°$$

$$U_L = \sqrt{3}E$$

Tensión del neutro en conexión estrella

Esto significa que en un sistema trifásico totalmente equilibrado no hay diferencia de tensión entre los puntos neutros, independientemente de su impedancia Zn. Por tanto, si ponemos "hilo neutro" entre estos dos puntos, por él no circulará ninguna intensidad.

¿Qué sentido tiene entonces poner hilo neutro?

Ninguno en un sistema totalmente equilibrado, pero en la práctica es imposible construir un sistema trifásico equilibrado (se aproximan a ello).

$$\frac{V_N}{Z_N} + \frac{V_N - V_R}{Z + Z_L + Z_{fuente}} + \frac{V_N - V_S}{Z + Z_L + Z_{fuente}} + \frac{V_N - V_T}{Z + Z_L + Z_{fuente}} = 0$$

$$V_N \left(\frac{1}{Z_N} + \frac{3}{Z + Z_L + Z_{fuente}} \right) = \frac{V_R + V_S + V_T}{Z + Z_L + Z_{fuente}} = \frac{0}{Z + Z_L + Z_{fuente}}$$

$$\boxed{V_N = 0}$$

Ingeniería eléctrica · Teoría de Circuitos · *Ing. Miguel D'Addario*

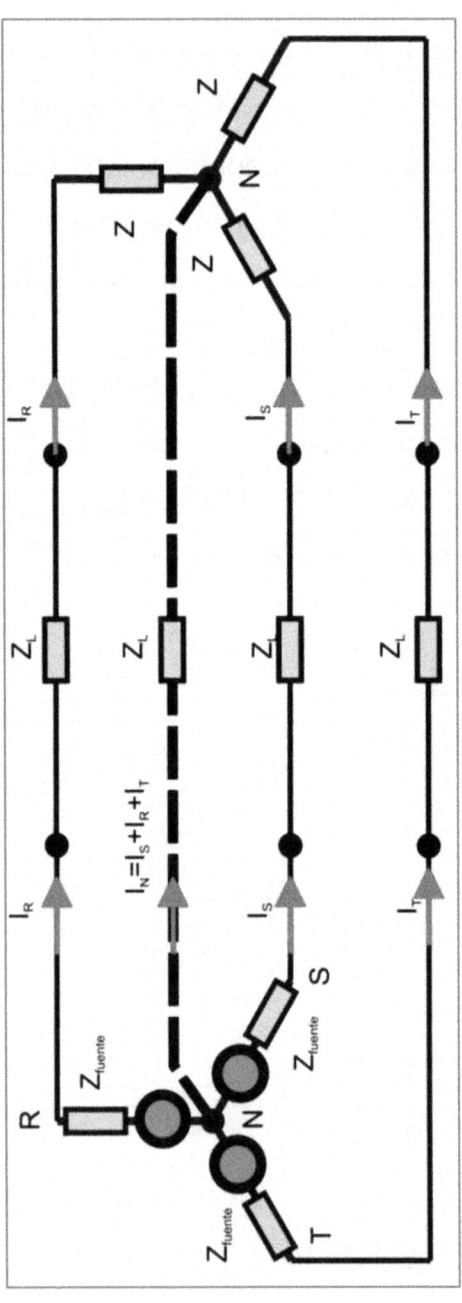

Resumen conexión estrella

En secuencia directa: RST, V_L adelanta en 30° a V_f.

En secuencia indirecta: RTS, V_L retrasa en 30° a V_f.

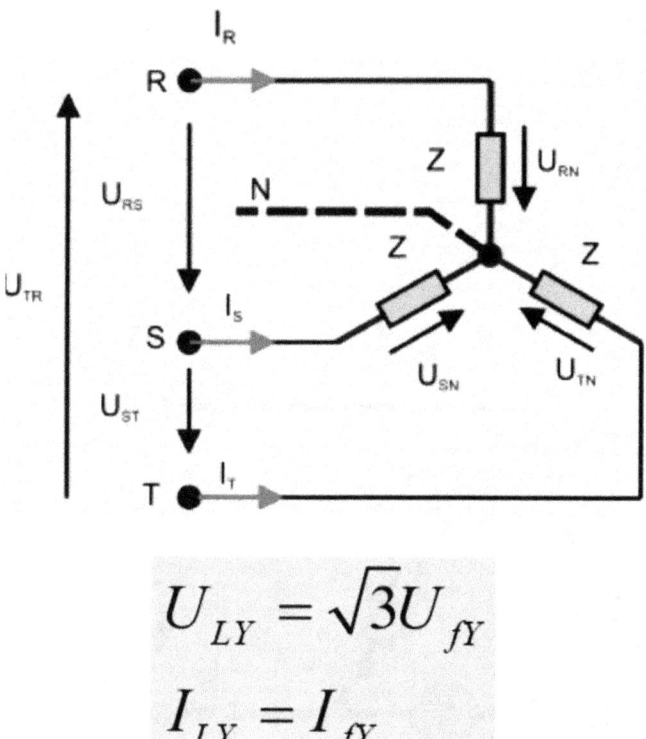

$$U_{LY} = \sqrt{3}\, U_{fY}$$

$$I_{LY} = I_{fY}$$

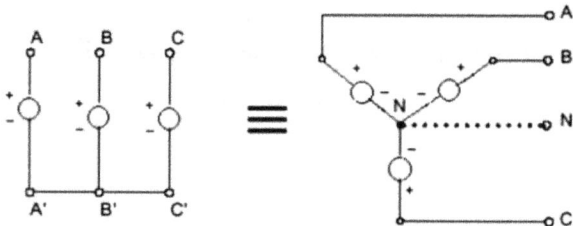

Conexión en triángulo △

Los tres elementos de un triángulo se conectan en serie formando un circuito cerrado. No existe neutro.

Sistema trifásico trifilar: Tres fases RST sin neutro accesible.

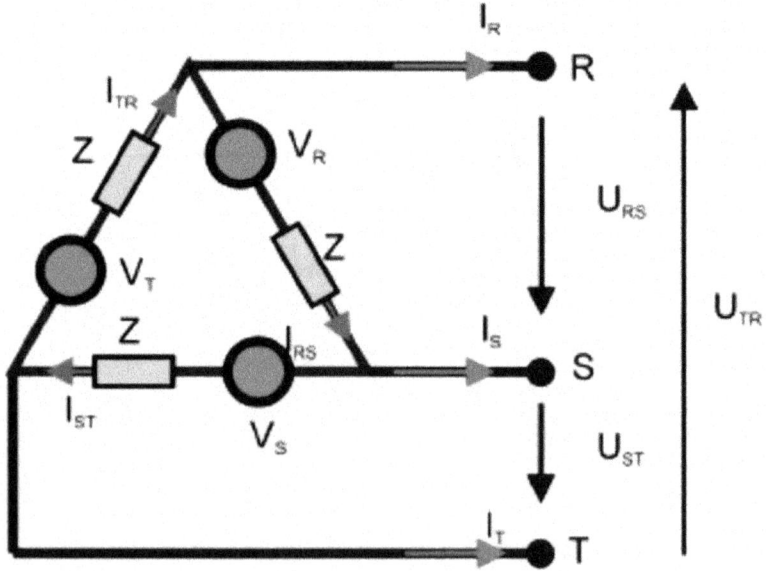

Ingeniería eléctrica · Teoría de Circuitos · *Ing. Miguel D'Addario*

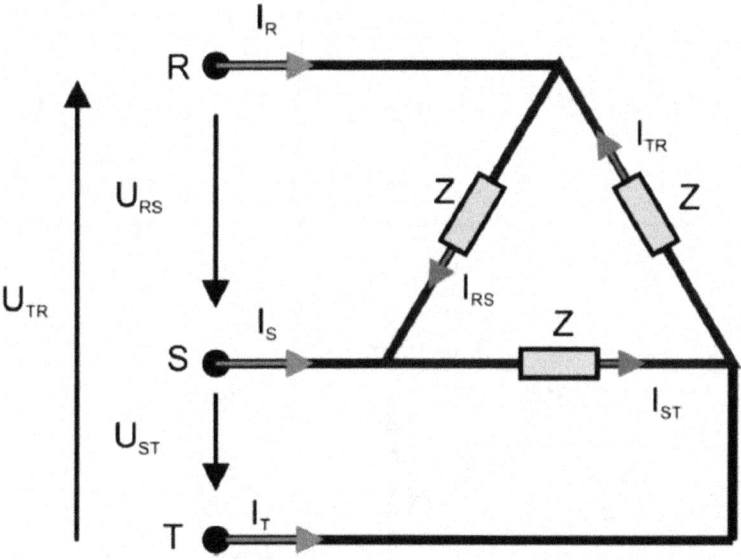

Tensiones e intensidades de fase en △

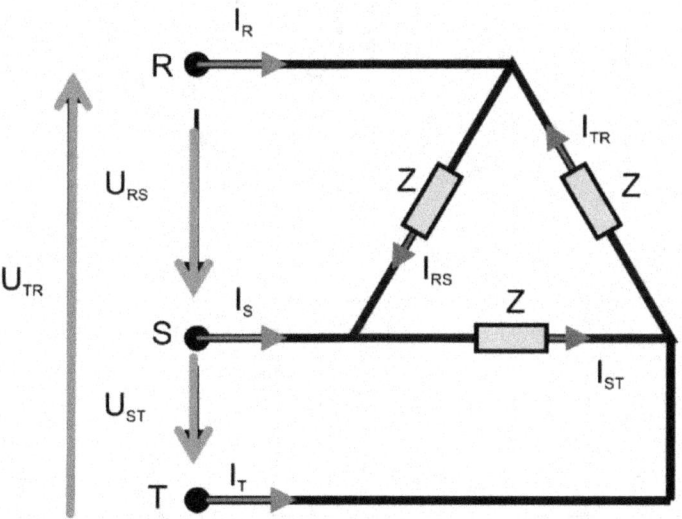

$$\begin{cases} U_{RS}(t) = \sqrt{2}V_{ef}sen(\omega t) \Leftrightarrow \underline{U_{RS}} = V_{ef}\angle 0° \\ U_{ST}(t) = \sqrt{2}V_{ef}sen(\omega t - 120°) \Leftrightarrow \underline{U_{ST}} = V_{ef}\angle -120° \\ U_{TR}(t) = \sqrt{2}V_{ef}sen(\omega t - 240°) \Leftrightarrow \underline{U_{TR}} = V_{ef}\angle -240° \end{cases}$$

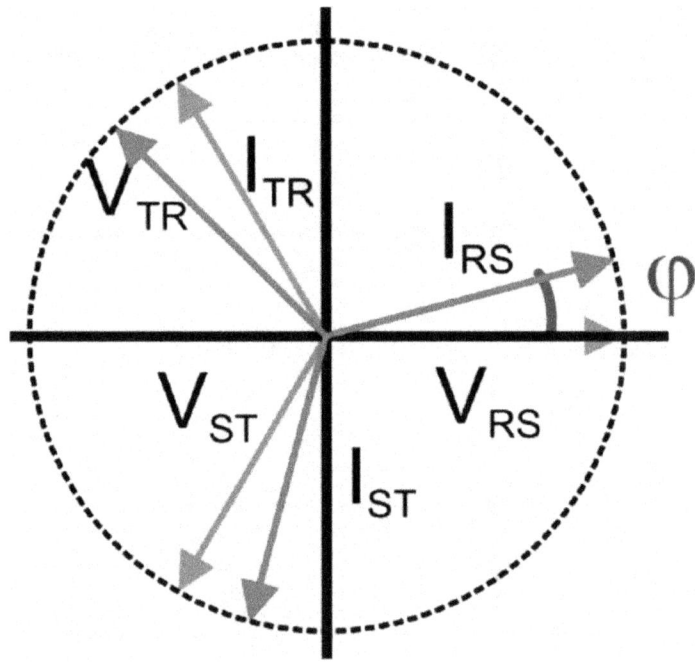

$$\begin{cases} I_{RS}(t) = \sqrt{2}I_{ef}sen(\omega t - \varphi) \Leftrightarrow \underline{I_R} = I_{ef}\angle 0° - \varphi \\ I_{ST}(t) = \sqrt{2}I_{ef}sen(\omega t - 120° - \varphi) \Leftrightarrow \underline{I_S} = I_{ef}\angle -120° - \varphi \\ I_{TR}(t) = \sqrt{2}I_{ef}sen(\omega t - 240° - \varphi) \Leftrightarrow \underline{I_T} = I_{ef}\angle -240° - \varphi \end{cases}$$

Ingeniería eléctrica · Teoría de Circuitos · *Ing. Miguel D'Addario*

$$U_L = E = U_{RS} = U_{ST} = U_{TR}$$

Tensiones e intensidades de línea en △

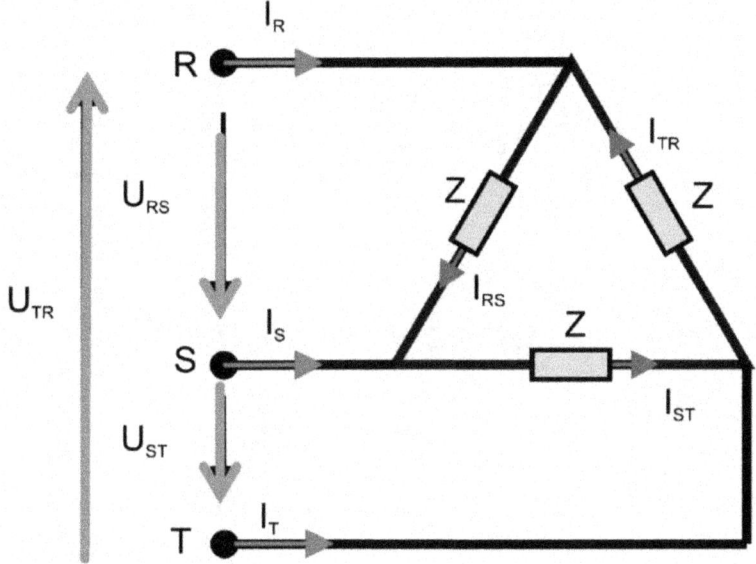

$$\underline{I_R} = \underline{I_{RS}} - \underline{I_{TR}} = I_{ef}\angle 0° - I_{ef}\angle -120°$$

$$= I_{ef}\left(\cos 0° + j sen 0°\right) +$$

$$-I_{ef}\left(\cos(-120°) + j sen(-120°)\right) =$$

$$I_{ef}\left(1 + \frac{1}{2} + j\frac{\sqrt{3}}{2}\right) =$$

$$I_{ef}\left(\frac{3}{2}+j\frac{\sqrt{3}}{2}\right)=$$

$$\sqrt{3}I_{ef}\left(\frac{\sqrt{3}}{2}+j\frac{1}{2}\right)=$$

$$\sqrt{3}I_{ef}\left(\cos 30°+jsen30°\right)=$$

$$\boxed{\begin{array}{c}=\sqrt{3}I_{ef}\angle 30°\\ \underline{I_S}=\underline{I_{ST}}-\underline{I_{TR}}=\sqrt{3}V_f\angle 90°\\ \underline{I_T}=\underline{I_{TR}}-\underline{I_{ST}}=\sqrt{3}V_f\angle 150°\end{array}}$$

$$\begin{cases} U_{RS}(t) = \sqrt{2}V_{ef}sen(\omega t) \Leftrightarrow \underline{U_{RS}} = V_{ef}\angle 0° \\ U_{ST}(t) = \sqrt{2}V_{ef}sen(\omega t - 120°) \Leftrightarrow \underline{U_{ST}} = V_{ef}\angle -120° \\ U_{TR}(t) = \sqrt{2}V_{ef}sen(\omega t - 240°) \Leftrightarrow \underline{U_{TR}} = V_{ef}\angle -240° \end{cases}$$

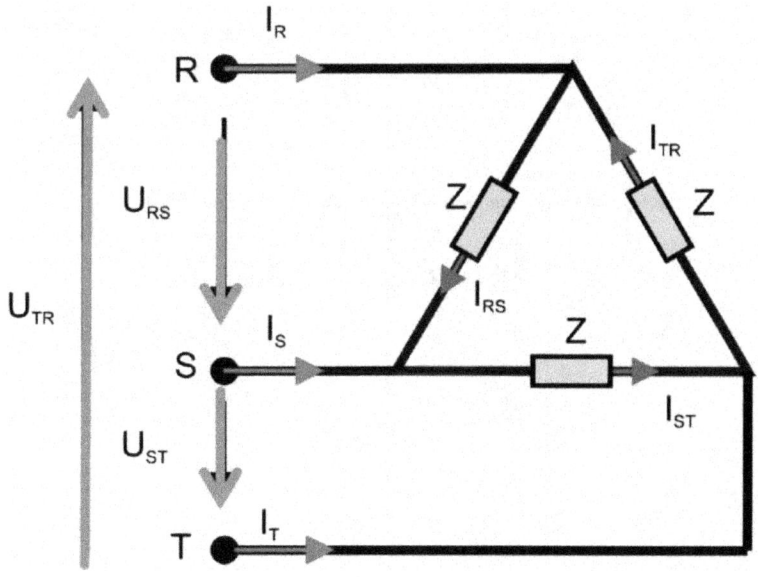

$$\begin{cases} I_{RS}(t) = \sqrt{2}I_{ef}\,sen(\omega t - \varphi) \Leftrightarrow \underline{I_R} = I_{ef}\angle 0° - \varphi \\ I_{ST}(t) = \sqrt{2}I_{ef}\,sen(\omega t - 120° - \varphi) \Leftrightarrow \underline{I_S} = I_{ef}\angle -120° - \varphi \\ I_{TR}(t) = \sqrt{2}I_{ef}\,sen(\omega t - 240° - \varphi) \Leftrightarrow \underline{I_T} = I_{ef}\angle -240° - \varphi \end{cases}$$

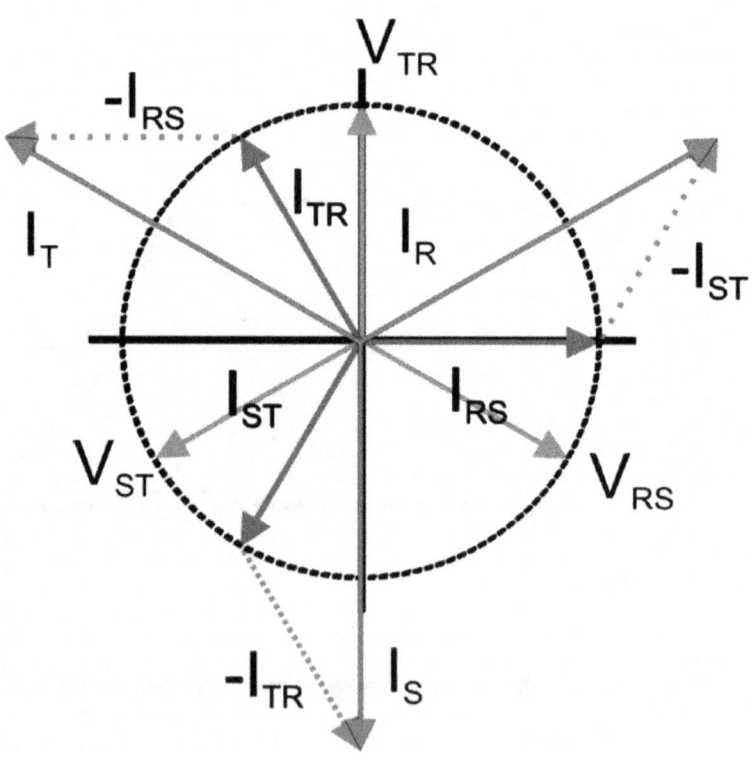

Secuencias directa e indirecta en conexión en △
Directa

$$\vec{I}_{RS} = I_F \angle 0$$

$$\vec{I}_{ST} = I_F \angle -120°$$

$$\vec{I}_{TR} = I_F \angle +120°$$

Intensidad de línea retrasa 30° respecto a la de fase

$$\vec{I}_R = \vec{I}_{RS} - \vec{I}_{TR} = \sqrt{3}\vec{I}_{RS} \angle -30°$$

$$\vec{I}_S = \vec{I}_{ST} - \vec{I}_{RS} = \sqrt{3}\vec{I}_{ST} \angle -30°$$

$$\vec{I}_T = \vec{I}_{TR} - \vec{I}_{ST} = \sqrt{3}\vec{I}_{TR} \angle -30°$$

Inversa

$$\vec{I}_{RS} = I_F \angle 0$$

$$\vec{I}_{ST} = I_F \angle +120°$$

$$\vec{I}_{TR} = I_F \angle -120°$$

Intensidad de línea retrasa 30° respecto a la de fase

$$\vec{I}_R = \vec{I}_{RS} - \vec{I}_{TR} = \sqrt{3}\vec{I}_{RS}\angle +30°$$

$$\vec{I}_S = \vec{I}_{ST} - \vec{I}_{RS} = \sqrt{3}\vec{I}_{ST}\angle +30°$$

$$\vec{I}_T = \vec{I}_{TR} - \vec{I}_{ST} = \sqrt{3}\vec{I}_{TR}\angle +30°$$

Resumen conexión en △

En secuencia directa: RST, I_L retrasa en 30° a I_f.

En secuencia indirecta: RTS, I_L adelanta en 30° a I_f.

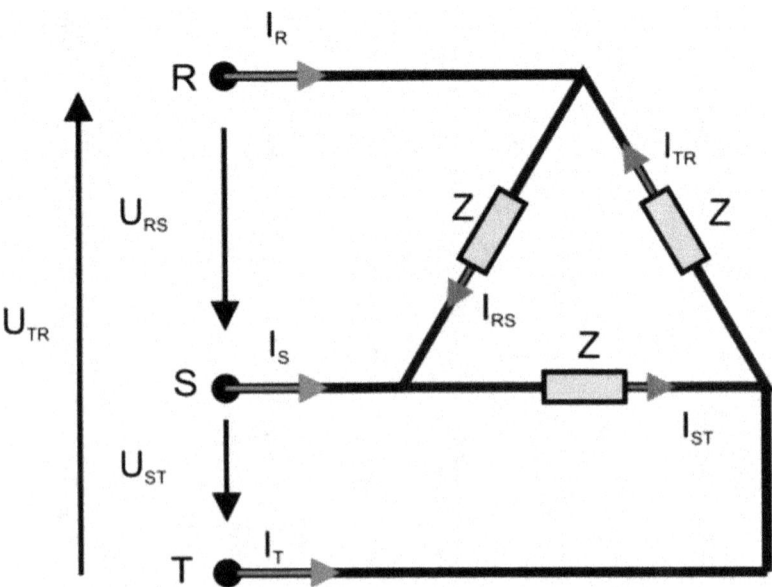

$$U_{L\Delta} = U_{f\Delta}$$

$$I_{L\Delta} = \sqrt{3}I_{f\Delta}$$

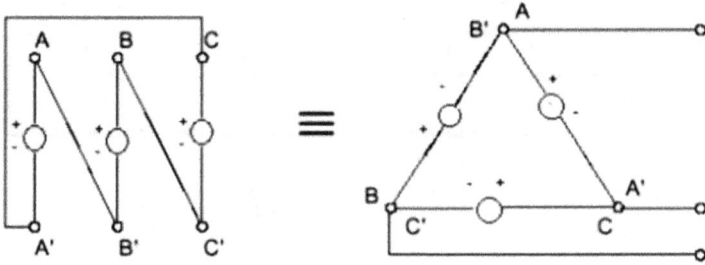

Comparativa entre Y Δ

Un generador trifásico: 3 devanados monofásicos que pueden conectarse como se desee.

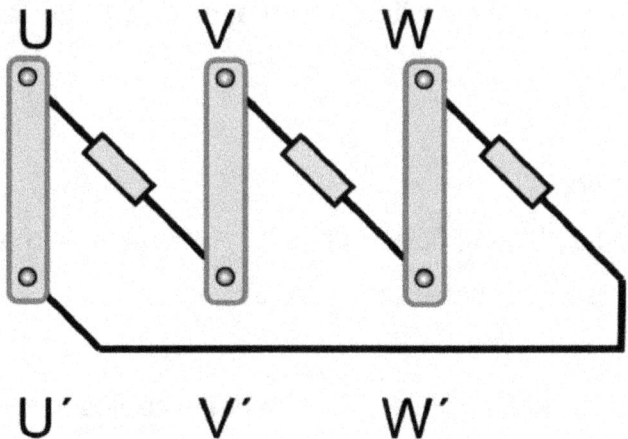

Conexión Triángulo Δ en bornera de motor

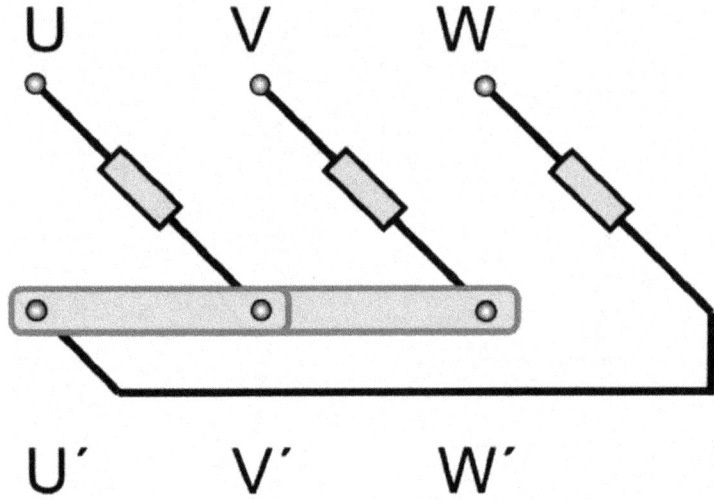

Conexión Estrella **Y** en bornera de motor

Y: El voltaje entre dos líneas es mayor que el de fase en √3.

△: La corriente de línea es mayor que la de fase en √3.

Por tanto:

- La conexión en **Y** requiere mayores aislamientos (mayores Vs).

- La conexión en △ requiere cables de mayor sección (mayores Is).

Cargas equilibradas. Conversión **Y-△**

Al igual que los generadores, las cargas (impedancias o receptores) se pueden conectar en **Y** o en **△**.

Se demuestra que:

$$Z_Y = \frac{Z_\Delta}{3}$$

- Se dice que la carga está equilibrada si las tres impedancias son iguales.

- Conexiones equivalentes: la potencia en cada impedancia, a la misma tensión de red, es la misma.

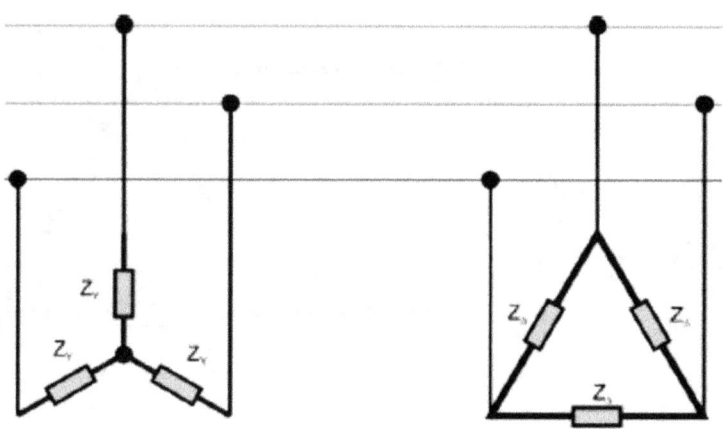

¿Cuándo son ambas equivalentes?

Si: I_1, I_2, I_3 son iguales $\Rightarrow$ V_{12}, V_{23}, V_{31} son iguales.

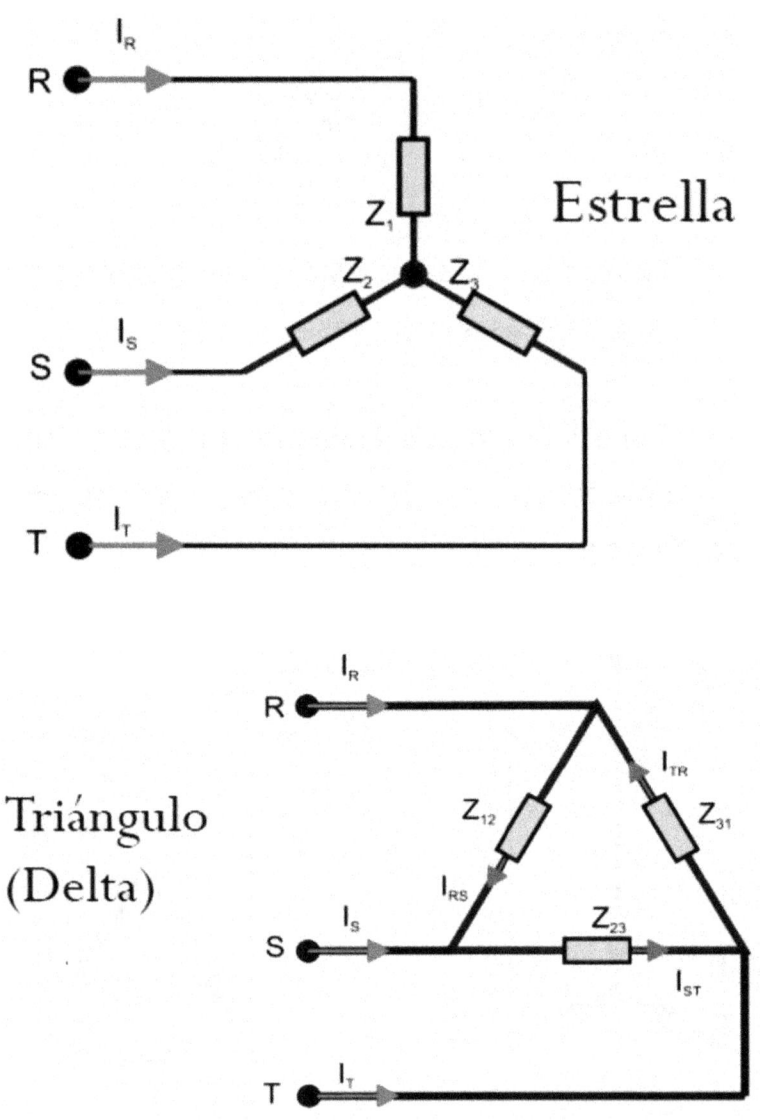

Elementos de Δ en función de Y

$$Z_{12} = Z_1 + Z_2 + \frac{Z_1 \cdot Z_2}{Z_3}$$

$$Z_{23} = Z_2 + Z_3 + \frac{Z_2 \cdot Z_3}{Z_1}$$

$$Z_{31} = Z_3 + Z_1 + \frac{Z_3 \cdot Z_1}{Z_2}$$

Elementos de Y en función de Δ

$$Z_1 = \frac{Z_{12} \cdot Z_{31}}{Z_{12} + Z_{23} + Z_{31}}$$

$$Z_2 = \frac{Z_{12} \cdot Z_{23}}{Z_{12} + Z_{23} + Z_{31}}$$

$$Z_3 = \frac{Z_{23} \cdot Z_{31}}{Z_{12} + Z_{23} + Z_{31}}$$

Regla Mnemotécnica

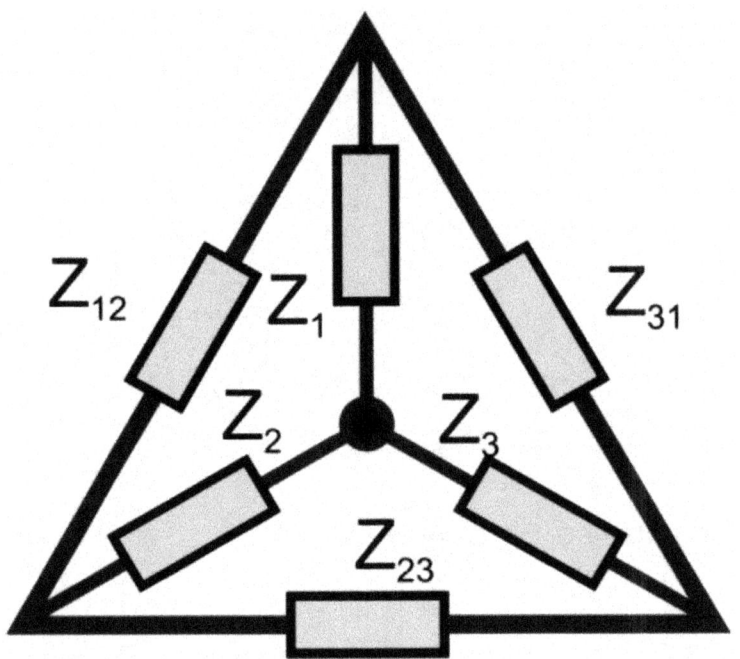

Conexión Δ o Y equilibrada ⇨ Las tres cargas son iguales.

Sistemas de cargas equilibradas Δ y Y equivalentes ⇨ $Z_\Delta = 3 Z_Y$.

Demostración
Sustituir $Z_1 = Z_2 = Z_3$ en el caso general.

Circuito equivalente

En un sistema equilibrado, las tres fases son equivalentes (salvo el desfase).

Así, es posible determinar los voltajes y las corrientes mediante el circuito equivalente por fase.

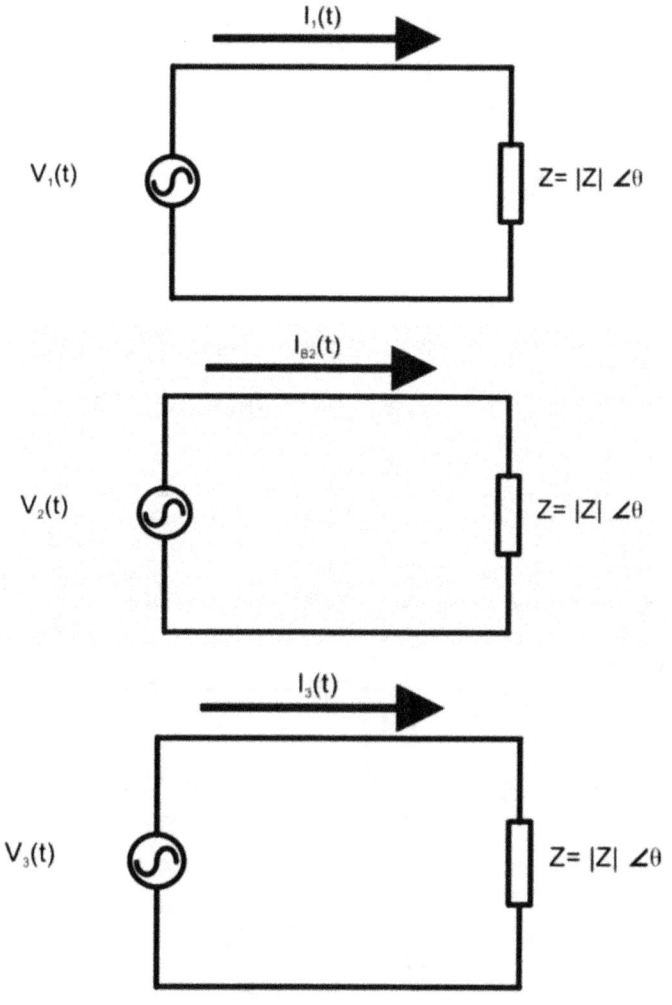

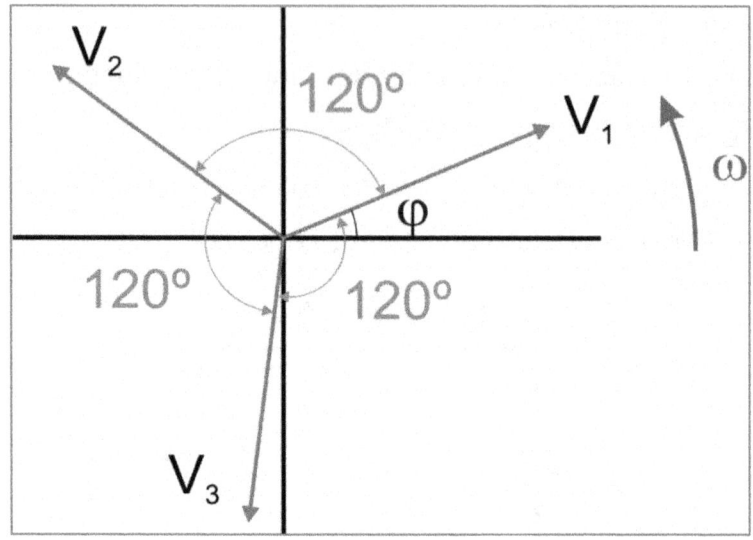

Si el generador y/o las cargas están en **Δ**, se obtienen los equivalentes en **Y**, y se trabaja con ellos.

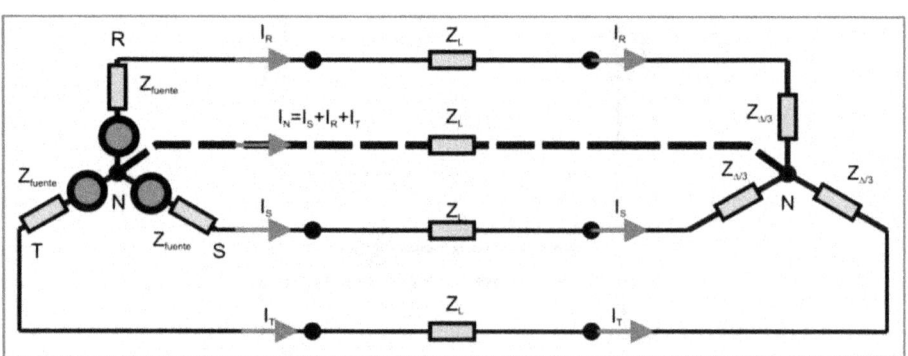

$$Z_\Delta = 3\, Z_Y$$

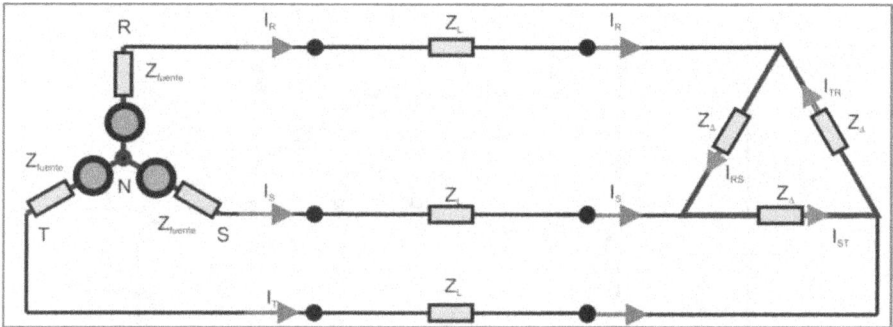

Análisis de sistemas desequilibrados

En un sistema desequilibrado, cada fase es distinta.

Hay que aplicar las Leyes de Kirchhoff al circuito correspondiente, dependiendo de cada caso (método general).

Las transformaciones Y-Δ no se pueden aplicar.

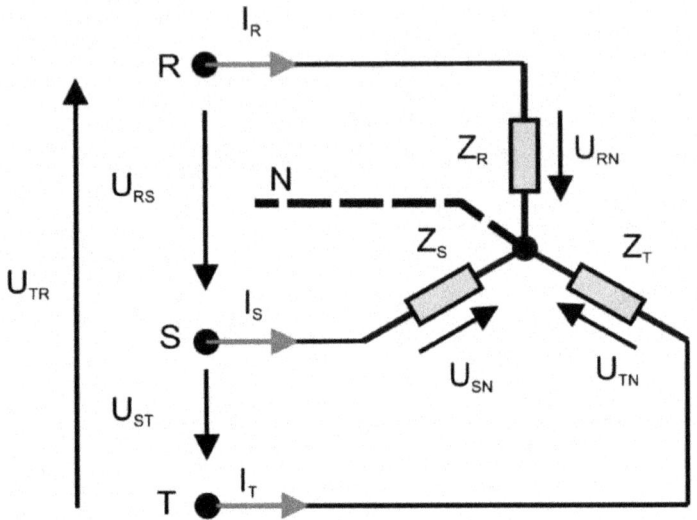

Cargas en circuito Estrella

$$I_R = V_{RN} / Z_R$$
$$I_S = V_{SN} / Z_S$$
$$I_T = V_T / Z_T$$
$$I_N = -(I_A + I_B + I_C) \neq 0$$

Potencia en sistemas trifásicos equilibrados
En cada fase:

$$p(t) = v(t).i(t)$$

Si escribimos v(t) e i(t) en cada fase:

$$p_A(t) = V_f \cdot I_f \cdot \text{sen}(\omega t) \cdot \text{sen}(\omega t - \varphi)$$
$$p_B(t) = V_f \cdot I_f \cdot \text{sen}(\omega t - 120°) \cdot \text{sen}(\omega t - 120° - \varphi)$$
$$p_C(t) = V_f \cdot I_f \cdot \text{sen}(\omega t - 240°) \cdot \text{sen}(\omega t - 240° - \varphi)$$

Sumamos las tres componentes.
Operando:

$$p_{tot}(t) = 3 \cdot V_f \cdot I_f \cdot \cos \varphi$$

No depende del tiempo.

La potencia total en cada instante es constante e igual a la suma de la potencia activa en cada una de las cargas.

$$\boxed{\varphi = \theta_{Voltaje\,fase} - \theta_{Intensidad\,fase}}$$

Para las potencias activa, reactiva y aparente queda:

$$P = 3V_f I_f \cos \varphi = 3I_f^2 Z \cos \varphi$$
$$Q = 3V_f I_f \,\text{sen}\, \varphi = 3I_f^2 Z \,\text{sen}\, \varphi$$
$$S = 3V_f I_f = 3I_f^2 Z$$

Si utilizamos magnitudes de línea, en vez de fase:

Y:

$$P = 3\left(\frac{V_L}{\sqrt{3}}\right) I_L \cos\phi = \sqrt{3} V_L I_L \cos\varphi$$

Δ:

$$P = 3\left(\frac{I_L}{\sqrt{3}}\right) V_L \cos\phi = \sqrt{3} V_L I_L \cos\varphi$$

Que es igual para ambos tipos de conexiones:

$$Q = \sqrt{3} V_L I_L \operatorname{sen}\varphi$$

Para la reactiva y la aparente nos queda:

$$S = \sqrt{3} V_L I_L$$

Comparación de potencias entre **Y-Δ**

Si se mantiene constante el voltaje de línea en ambas conexiones, se tiene:

$$S_{III\Delta} = 3\frac{V_L^2}{Z} = 3 S_{IIIY}$$

Y por tanto, para igual tensión de línea, se tiene que la potencia absorbida por las cargas es tres veces mayor en conexión triángulo en estrella.

Demostración

$$\Delta : \begin{cases} V_F = V_L \\ I_F = \dfrac{V_L}{|Z|} \end{cases} \Rightarrow S^\Delta =$$

$$3V_F I_F = \frac{3V_L^2}{|Z|}$$

$$Y : \begin{cases} V_F = \dfrac{V_L}{\sqrt{3}} \\ I_F = \dfrac{V_F}{|Z|} = \dfrac{V_L}{\sqrt{3}|Z|} \end{cases} \Rightarrow S^Y =$$

$$\boxed{3V_F I_F = \frac{V_L^2}{|Z|}}$$

Para igual tensión de línea

La potencia absorbida por las cargas es tres veces mayor en conexión triángulo Δ que en estrella Y.

Potencia en trifásica desequilibrada

La potencia instantánea ya NO es constante:

$$P_{Total} = P_R + P_S + P_T = U_R I_R \cos\varphi_R + U_S I_S \cos\varphi_S + U_T I_T \cos\varphi_T$$

$$Q_{Total} = Q_R + Q_S + Q_T = U_R I_R \sin\varphi_R + U_S I_S \sin\varphi_S + U_T I_T \sin\varphi_T$$

$$S_{Total} = S_R + S_S + S_T = U_R I_R^* + U_S I_S^* + U_T I_T^* = P + jQ$$

$$FP = \frac{P}{S} = \frac{P_R + P_S + P_T}{\sqrt{(P_R + P_S + P_T)^2 + (Q_R + Q_S + Q_T)^2}}$$

Vatímetro

El vatímetro es un dispositivo de medida de tipo electrodinámico.

Internamente está formado por dos bobinas, una fija y La bobina fija es recorrida por la corriente del circuito.

La bobina móvil mide la tensión. Para que esta bobina sea recorrida por una corriente muy pequeña, se puede conectar una resistencia en serie con ella.

Así pues, haciendo que la bobina fija sea atravesada por la corriente del circuito a medir y que la corriente de la bobina móvil sea proporcional a la tensión de dicho circuito, el ángulo de giro de la bobina será proporcional al producto de ambas y por lo tanto a la potencia consumida por el circuito.

Medida de la potencia trifásica

1 Vatímetro:
- Trifásica equilibrada.
- El valor hallado se multiplica por las 3 líneas.

2 Vatímetros:
- Método de Aron.

3 Vatímetros:
- Equilibrada y desequilibrada.
- 3 ó 4 hilos.

1 Vatímetro

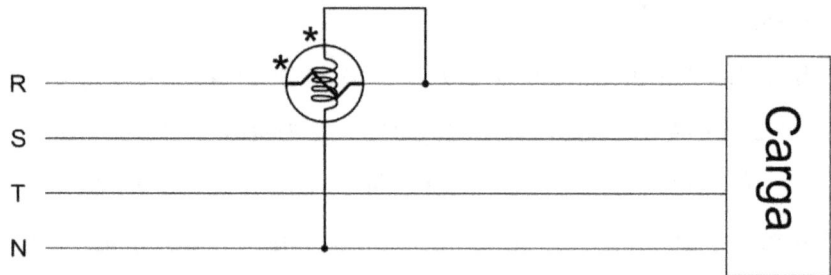

$$P_{Total} = P_R + P_S + P_T \Rightarrow P_R = U_R I_R \cos\varphi_R$$

$$\Rightarrow P_{Total} = 3 U_R I_R \cos\varphi_R$$

$$Q_{Total} = Q_R + Q_S + Q_T \Rightarrow Q_R = U_R I_R \sin\varphi_R \Rightarrow$$

$$P_{Total} = 3 U_R I_R \sin\varphi_R$$

$$\boxed{S_{Total} = \sqrt{(P_{Total})^2 + (Q_{Total})^2}}$$

$$\boxed{FP = \frac{P}{S}}$$

Método de Aron

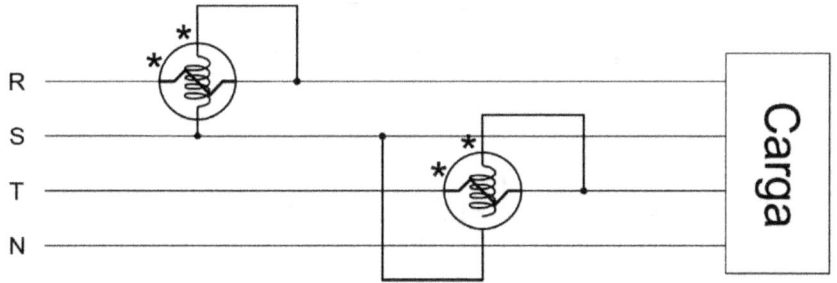

$$W_1 = |V_{RS}| \cdot |I_R| \cdot \cos(\varphi_{V_{RS}} - \varphi_{I_R})$$

$$W_2 = |V_{TS}| \cdot |I_S| \cdot \cos(\varphi_{V_{TS}} - \varphi_{I_S})$$

$$\varphi_{V_{RS}} - \varphi_{I_R} = \theta_{fase} + 30º$$

$$\varphi_{V_{TS}} - \varphi_{I_S} = \theta_{fase} - 30º$$

$$P_T = W_1 + W_2 =$$
$$2|V_L| \cdot |I_L| \cdot \cos\theta_{fase} \cdot \cos 30º$$
$$= \sqrt{3} |V_L| \cdot |I_L| \cdot \cos\theta_{fase}$$

En el caso de trifásica equilibrada

$$Q_T = W_1 - W_2 =$$

$$\sqrt{3}|V_L| \cdot |I_L| \cdot \sin\theta_{fase}$$

$$\tan\theta_{fase} = \sqrt{3}\left(\frac{W_2 - W_1}{W_2 + W_1}\right)$$

3 Vatímetros

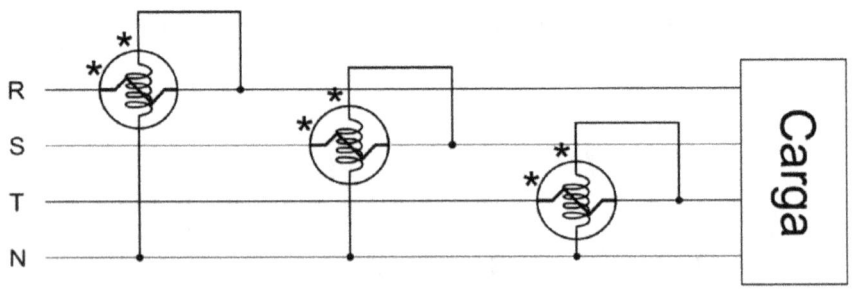

Ingeniería eléctrica · Teoría de Circuitos · *Ing. Miguel D'Addario*

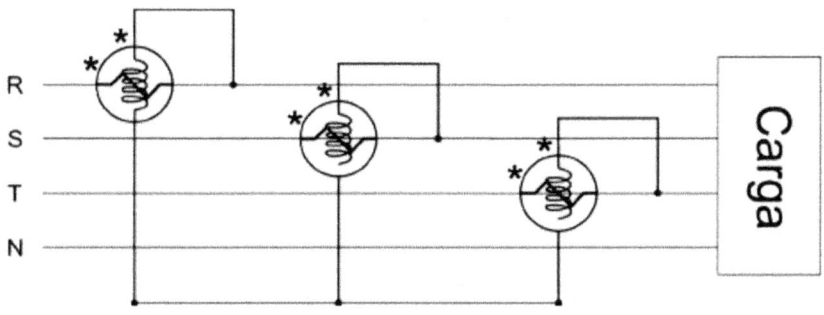

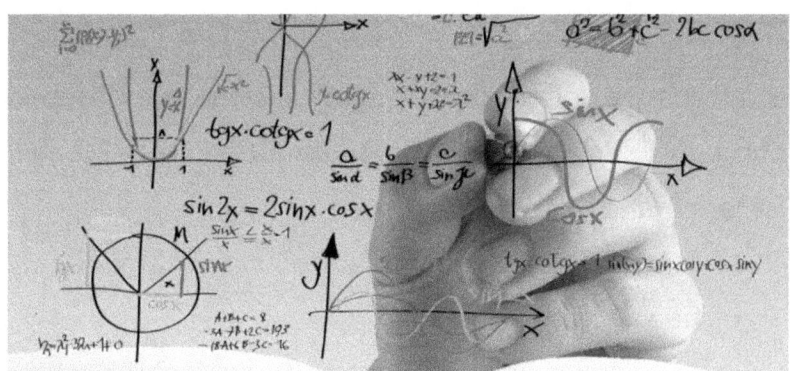

Ejercicios y problemas

Problemas circuitos corriente alterna

1) Una fuente de voltaje senoidal, de amplitud Vm = 200 V y frecuencia f=500 Hz toma el valor v(t)=100 V para t=0. Determinar la dependencia del voltaje en función del tiempo, y dibujar el fasor de tensión correspondiente, tomando para el módulo el valor eficaz del voltaje.

Solución
v(t)=200 Cos (1000πt+60°)V.
Para el fasor V=141.42/60°V.

---

2) La fuente del ejercicio anterior se conecta en serie con una resistencia R=100 Ω y una bobina L=20 mH. Determinar:

    a) La impedancia total resultante (módulo y fase)

    b) El valor de la corriente (i(t) y el fasor)

    c) Las potencias activa, reactiva y aparente, tanto en la impedancia total como en la bobina.

Solución:

Z=118.1/32.14°Ω,

i(t)=1.69Cos (1000πt-24.86°)A;

I=1.1975/27.8591°A,

SZ=169,35VA;

PZ=143,396W;

QZ =90.1Var,

Bobina: P=0;

S=90.1 VA,

Q=90.1VAr.

---

3) En el circuito de la figura, calcular V_{AB}

   a) Por el método de los nudos

   b) Por el método de las mallas

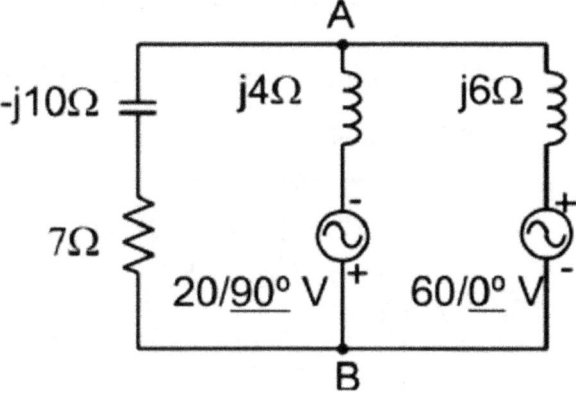

Solución:

31.7/-34.2° V

4) Encontrar los valores de las corrientes en el circuito de tres mallas de la figura sabiendo que V = 15 V.

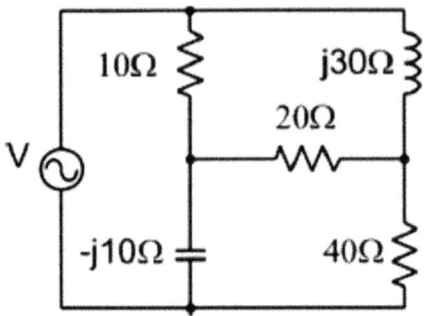

Solución:

1.1483/29.73°A,

0.2953/-42.65°A,

0.3398/-38.25°A

---

5) Calcular el dipolo equivalente de Thévenin entre A y B en el siguiente circuito.

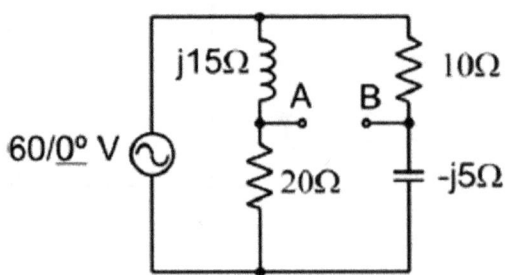

Solución:

V_{ab}=26.83/-10.3°V

Z_{th}=9.2+j5.6ohm

6) Sabiendo que por la resistencia circulan 8A de corriente eficaz, y por el condensador 6A, calcular el valor eficaz de la fuente de voltaje.

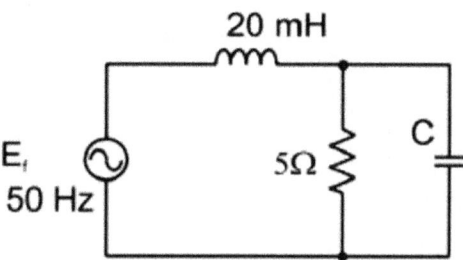

Solución:
50.32/87.37°V

---

7) La figura muestra un circuito de corriente alterna de 50 Hz. El receptor inductivo consume 400 W de potencia activa y 300 VAR de reactiva, y su tensión es U = 200 /0° V.
Calcular:

    a) La intensidad del receptor I (módulo y argumento).

    b) Tensión U_g en el generador.

    c) Potencia activa, reactiva y aparente suministrada por la fuente.

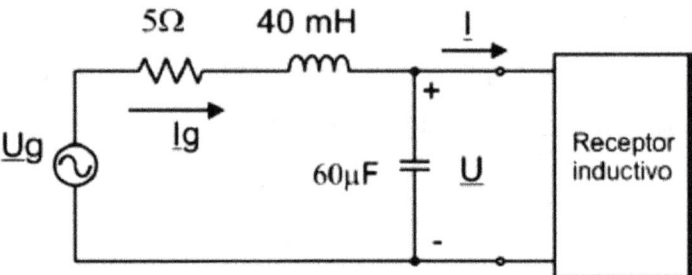

Solución:

2.5/-36.87°A,

185.1036/11.37°V,

560VA,

445.773W,

-338.95 VAR

---

8) En el circuito siguiente se sabe que la potencia aparente suministrada por la fuente es S=500 VA, y que la potencia activa consumida por el circuito es P=400W. Si la fuente trabaja a 100 Hz, se pide calcular:

    a) El valor de la impedancia equivalente del circuito.

    b) El valor de R y L.

    c) La potencia activa, reactiva y aparente consumidas en la bobina.

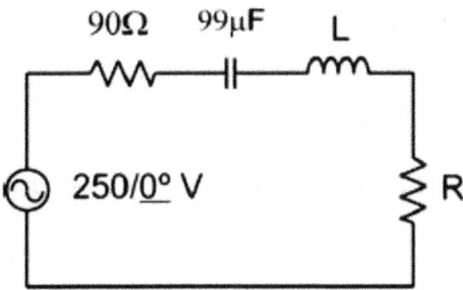

Solución:

125/36.87°ohm,

10ohm,

145mH,

0W,

364.4247VAR,

364.4247VA.

---

9) Una bobina de resistencia 2 Ω y coeficiente de autoinducción de 0,1 H se conecta en paralelo con un condensador de 120 µF de capacidad a una tensión alterna senoidal de 220 V, 50 Hz. Calcular:

    a) Intensidad de corriente que circula por la bobina.

    b) Intensidad de corriente que circula por el condensador.

    c) Intensidad de corriente total.

d) Impedancia total.

e) Ángulo de desfase entre la tensión y la intensidad total.

f) Potencias activa, reactiva y aparente totales.

Solución:
6,99/-86.36°A;
8,29/90°A;
1,387/71,33°A,
-71.33°; 97,68W;
289,08VAR,
305,14VA

---

10) A una línea eléctrica de corriente alterna senoidal de 220 V, 50 Hz, se conecta una estufa de 2kW y un motor que consume 0.75 kW con factor de potencia de 0.8 inductivo.

Calcular:

a) Potencia activa total,

b) Potencia reactiva total,

c) Potencia aparente total,

d) Intensidad total,

e) Factor de potencia total.

Solución:
2.75kW,
0.56kVAr,
2.806kVA,
12.75A,
0.98.

---

11) A la línea de alimentación monofásica de un alumbrado fluorescente se conectan un amperímetro, un voltímetro y un vatímetro. Siendo la indicación de los aparatos: 6.7 A, 220 V, 960 W.
Calcular:
a) Factor de potencia de la instalación,
b) Potencia reactiva necesaria en la batería de condensadores conectada en paralelo, para elevar el factor de potencia a 0.96,
c) Capacidad de la batería de condensadores, si la frecuencia es de 50 Hz.

Solución:
0.6513,
838.4Var,
55µF

12) Calcular V1, V2, V3 en el siguiente circuito.

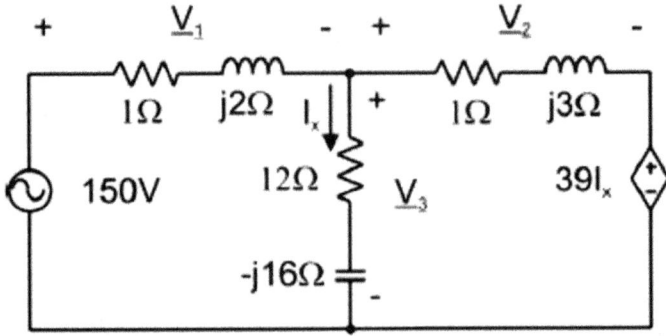

Solución:

130/-53.1301°V,

126.4911/55.3048°V,

198.4943/-40.914°V.

13) Utilizar el concepto de transformación de fuente para determinar el voltaje fasorial V_0.

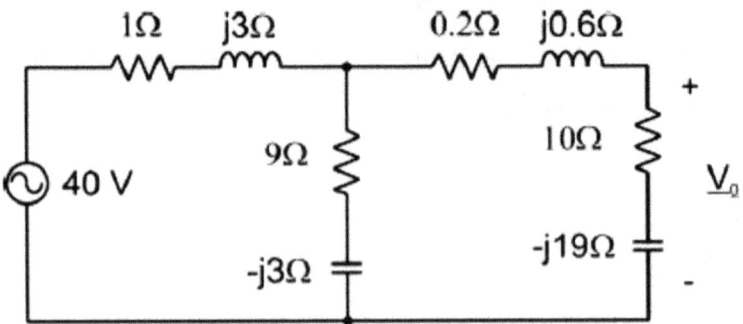

Solución:

40.7382/-27.5463°V

14) Encuentre el circuito equivalente de Thévenin con respecto a las terminales *a-b*.

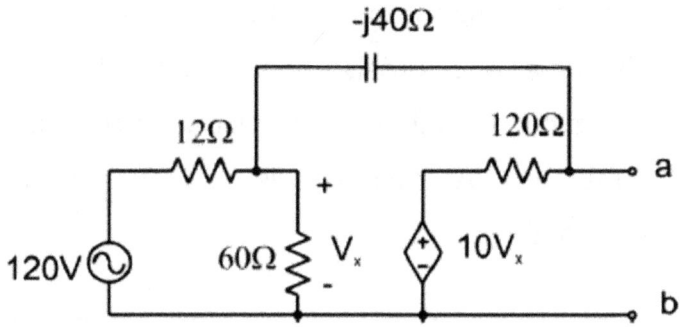

Solución:
835.22/-20.17°V.
91.2-j38.4ohm.

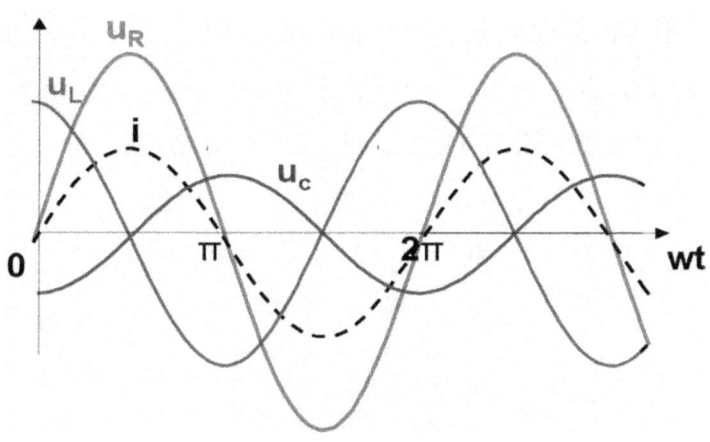

Ingeniería eléctrica · Teoría de Circuitos · *Ing. Miguel D'Addario*

Problemas circuitos de corriente continua

1) Calcular la potencia suministrada por la fuente por el método de simplificación del mismo (reducir todas las resistencias a una resistencia equivalente).
Calcular a continuación la intensidad que pasa por cada una de las resistencias. La fuente es de corriente continua.

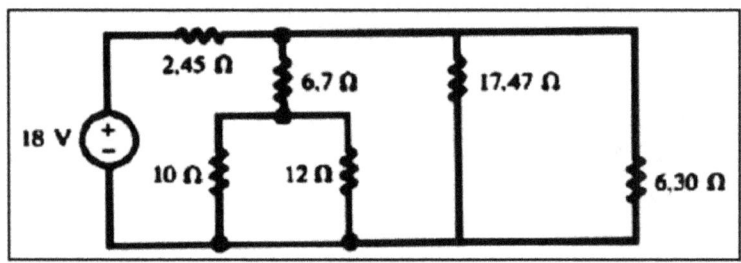

2) El siguiente circuito se alimenta con corriente continua de 10 V. Los valores de los componentes son: R1=R2=5Ω, L1=0,25 H y C1= 1/π2 F.

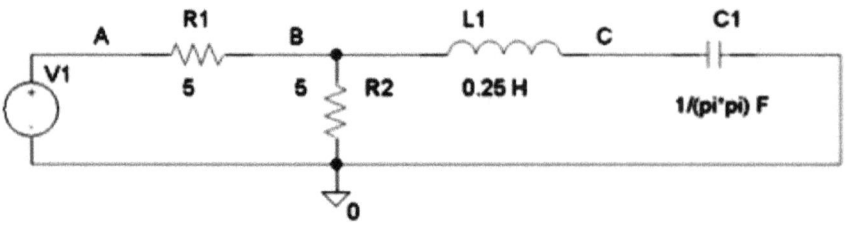

3) Obtener, del problema anterior, la intensidad que circula por cada una de las ramas y los valores de la tensión en los puntos A, B y C. ¿Cuánto vale la potencia suministrada por la fuente?

---

4) Resolver, aplicando directamente las leyes de Kirchhoff, el siguiente circuito. Calcular la potencia consumida por todos los elementos pasivos y la potencia total producida por las fuentes.

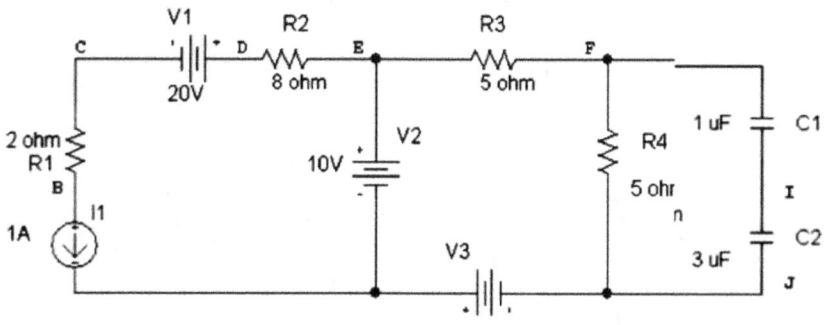

---

5) Use el método de voltajes de nodo para calcular cuánta potencia extrae la fuente de 2 A del circuito de la figura. I1= 2 A, Vc= 55V. R1= 2 Ω, R2= 3 Ω, R3= 4 Ω.

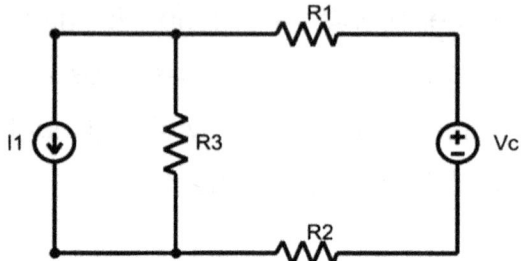

Solución:

40 W

6) Utilice el método de voltajes de nodo para calcular v1 y v2 el circuito que se muestra.

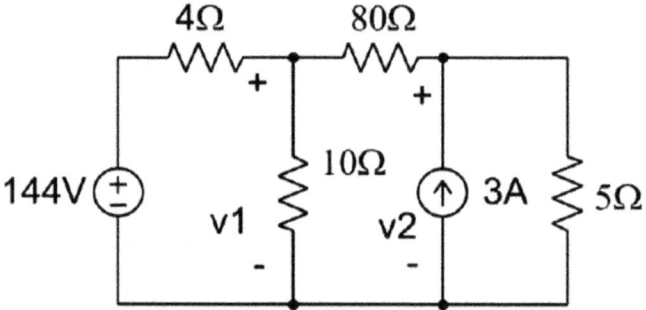

Solución:

100 V,

20 V.

7) Use el método de voltajes de nodo para calcular Vo en el circuito de la figura.

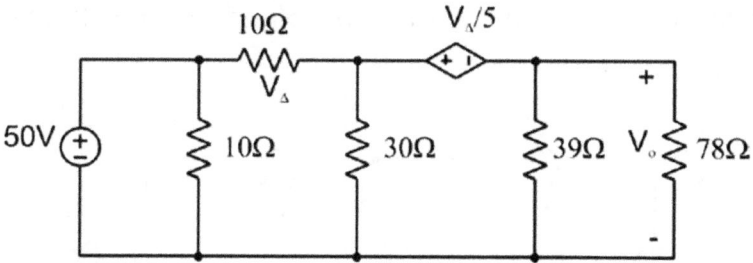

Solución:

26 V

8) Calcular la potencia total disipada en el circuito.

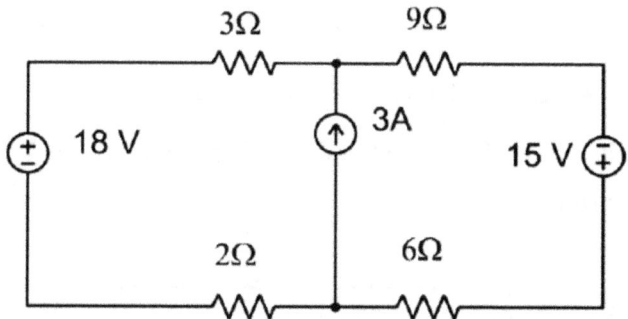

Solución:

99W (la fuente de 18 V está consumiendo, mientras que las que generan son la fuente de 15 V y la de corriente de 3 A).

9) A) Use el método de corrientes de malla para calcular las corrientes de rama i_a, i_b e i_c en el circuito

de la figura. B) Repita A) si la polaridad de la fuente de 64 V se invierte.

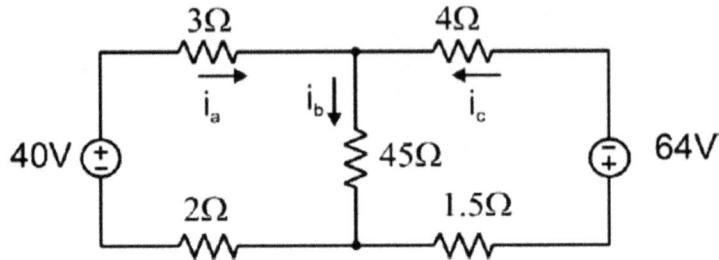

Solución:

A) 9.8A, -0.2A, -10A,

B) -1.72A, 1.08A, 2.8ª.

---

10) Use el método de corrientes de malla para calcular la potencia disipada en el resistor de 8 ohm del circuito.

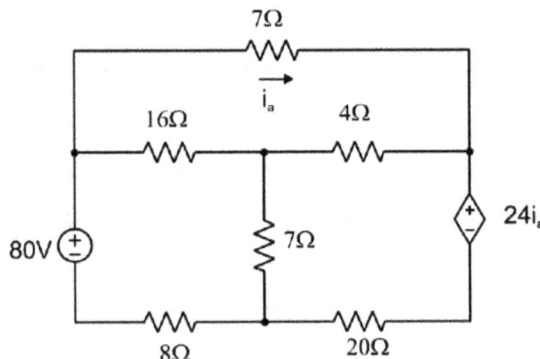

Solución:

98 W

11) La fuente de corriente variable de cd en el circuito se ajusta de manera que la potencia desarrollada por la fuente de corriente de 15 A sea 3750W. Calcule el valor de la corriente de cd.

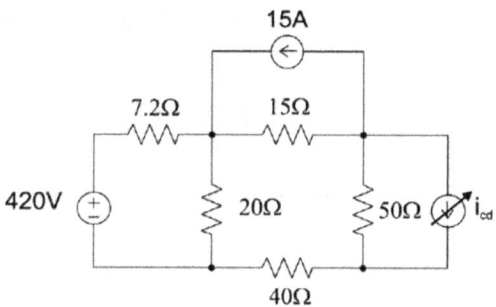

Solución: 2A

---

12) Use transformaciones de fuente para calcular i0 en el circuito.

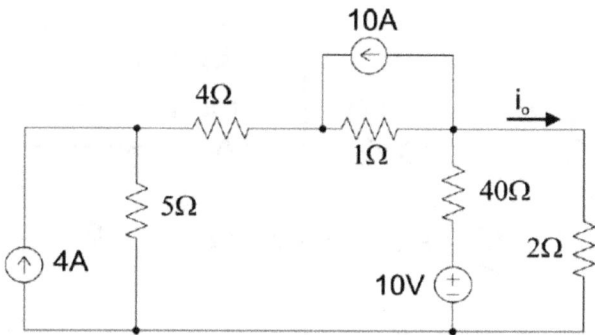

Solución:

1 A

13) Calcule el equivalente Thèvenin y Norton con respecto a las terminales a-b.

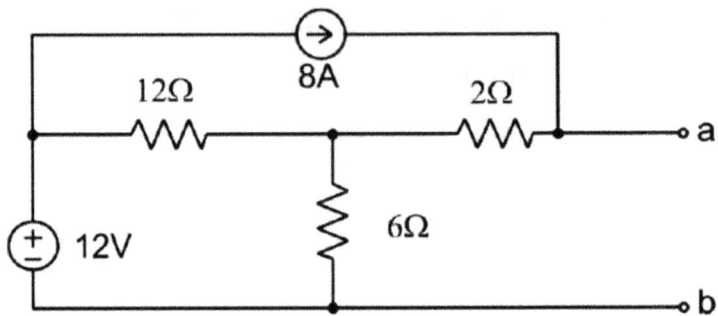

Solución:

52V

6 ohm

---

14) Calcule el equivalente Thévenin y Norton con respecto a las terminales a-b.

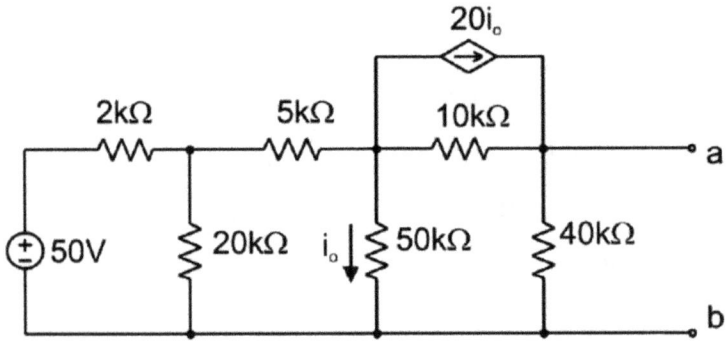

Solución:

100V

20 ohm

15) Usar el principio de superposición para calcular Vo.

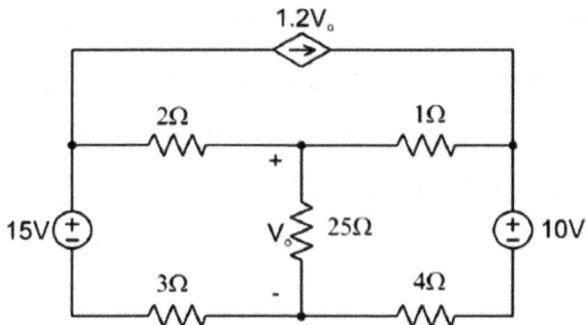

Solución:
25V

---

16) El resistor variable, Ro, se ajusta hasta que la potencia disipada en el resistor sea de 250 W. Calcular los valores de Ro, que satisfacen esta condición.

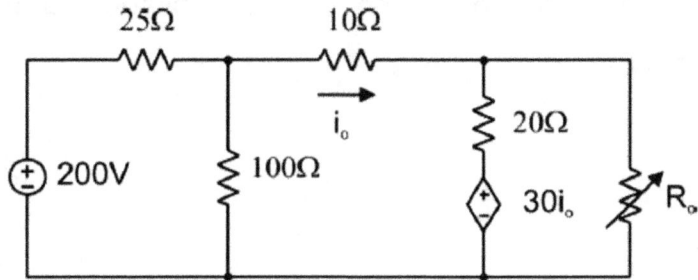

Solución:
2.5 ohm,
22.5 ohm.

Problemas transitorios en corriente contínua

1) Un condensador de 2 µF con una carga inicial Qo= 120 µC se conecta a una resistencia de 50Ω en t=0. Calcular el tiempo en el que la tensión en la resistencia pasa de 30 a 5 V.

Solución:
0.1792 ms

2) Un condensador de 10 µF, con una carga inicial Qo se conecta a una resistencia en el instante t=0. Sabiendo que la potencia instantánea en el condensador viene dada por la expresión $P=800e^{-4000t}$ (w), calcular los valores de R, Qo y la energía eléctrica almacenada en el condensador cuando t=2ms.

Solución:
50 Ohms,
2 mC,
0.1999J

3) En el circuito de la figura, tras alcanzarse el estado estacionario, se abre el interruptor.

Se pide:

a) Valores de la tensión U y la corriente que circula por la resistencia de 1KΩ justo antes de la apertura.

b) La constante de tiempo del circuito cuando se abre el interruptor.

c) Cuando se alcance el nuevo estacionario, ¿cuánto ha aumentado/disminuido la energía almacenada en el condensador con respecto al estacionario inicial?

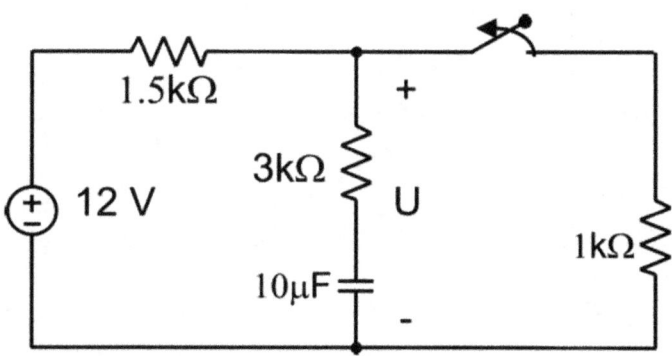

Solución:

4.8V,

4.8mA,

45msec,

60.48mJ.

Problemas teoría de circuitos

1) Use el método de voltajes de nodo para calcular cuánta potencia extrae la fuente 2 A del circuito de la figura.

R1=2 ohm,
R2=3ohm,
R3=4 ohm,
Vc=55V,
I1=2A.

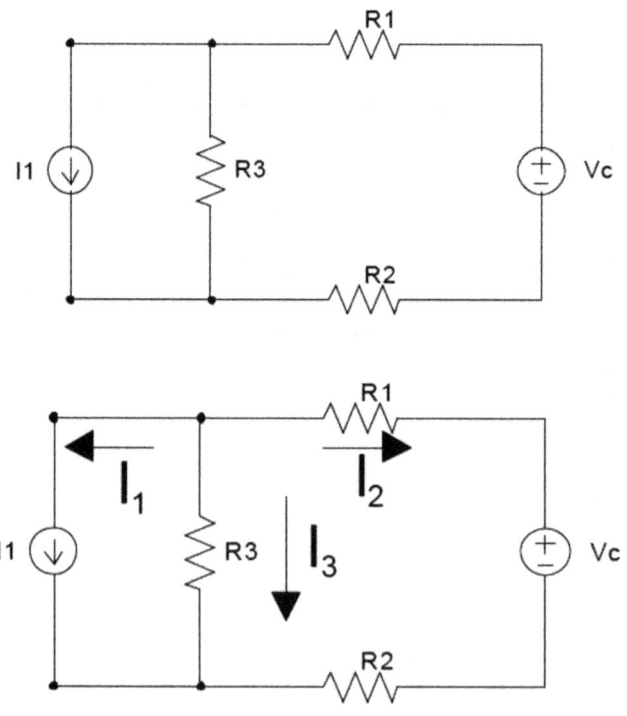

Solución:

$$\frac{V_1}{R_3} + \frac{V_1 - V_c}{R_1 + R_2} + 2 = 0$$

$$\frac{V_1}{4} + \frac{V_1 - 55}{2 + 3} + 2 = 0$$

$$5V_1 + 4V_1 - 220 + 40 = 0$$

$$9V_1 = +180$$

$$V_1 = 20V$$

$$P = I_1 V_1 = 40W$$

Absorbe 40 W

$$I_2 = \frac{20 - 55}{5} = -7A$$

$$I_3 = \frac{20}{4} = 5A$$

La fuente de tensión suministra 385 W

La Resistencia R3 consume 100 W

Y la dos resistencias R1+R2 consumen 245W.

---

2) Use el método de voltajes de nodo para calcular el voltaje en R1 y la potencia entregada por la fuente de voltaje de 60 V en el circuito. I1=4A, Vc=60V, R1=20 Ω, R2=80 Ω, R3=10 Ω, R4=30 Ω.

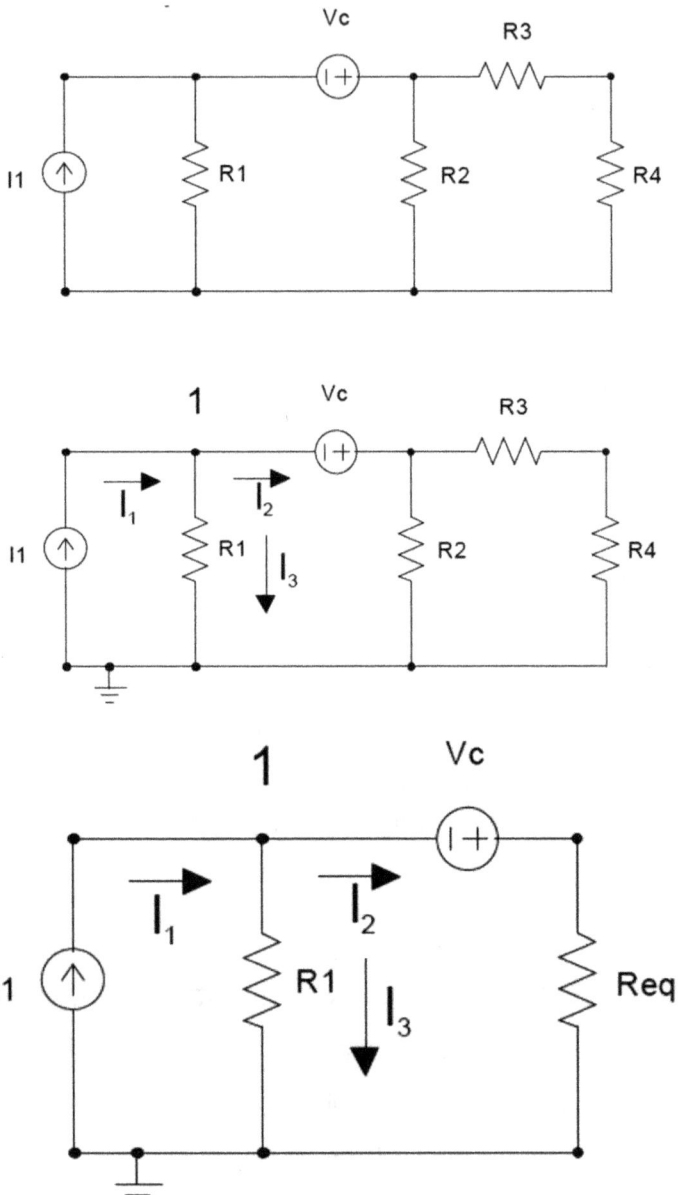

Solución:

$$R_{eq} = \left(\frac{1}{R_2} + \frac{1}{R_3+R_4}\right)^{-1} = \left(\frac{1}{80} + \frac{1}{10+30}\right)^{-1} =$$

$$\left(\frac{1}{80} + \frac{1}{40}\right)^{-1} = \left(\frac{3}{80}\right)^{-1} = \frac{80}{3}\Omega$$

$$\frac{V_1}{R_1} + \frac{V_1+V_c}{R_{eq}} = I_1$$

$$(R_1+R_{eq})V_1 + R_1 V_c = R_1 R_{eq} I_1$$

$$V_1 = \frac{R_1 R_{eq} I_1 - R_1 V}{R_1 + R_{eq}} =$$

$$\frac{20 \cdot \dfrac{80}{3} \cdot 4 - 20 \cdot 60}{20 + \dfrac{80}{3}} =$$

$$\frac{6400 - 3600}{140} = 20V$$

$$I_2 = \frac{V_1+V_c}{R_{eq}} = \frac{20+60}{\dfrac{80}{3}} = 3A$$

$$P_c = 60 \cdot 3 = 180W$$

3) Dado el siguiente circuito calcular:

a) La corriente de todas las ramas.

b) La potencia aparente, activa y reactiva de las fuentes de corriente y voltaje.

c) La potencia aparente, activa y reactiva en X_c, X_L, R_1 y R_2.

d) Equivalente Thévenin en los extremos de la resistencia R_2.

c) Determinar la resistencia necesaria que debería colocarse en R_2 para tener la potencia máxima que se podría transferir.

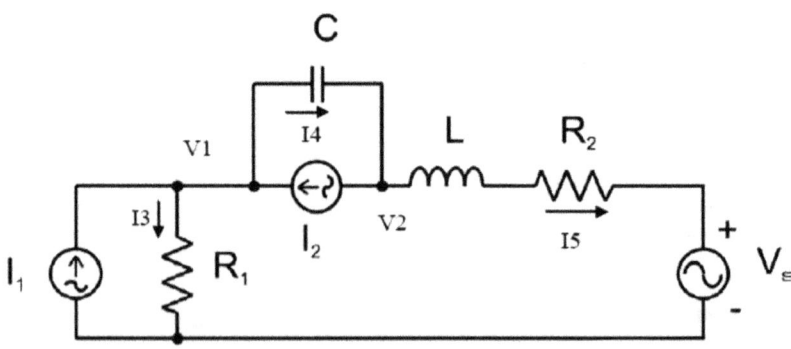

Datos del problema:

f=159.1549 Hz;

C=250 10^{-6} F

L=10 10^{-3} H

X_c= -i/(2*pi*f*C) Ω

X_L=i*2*pi*f*L Ω

$R_1 = 73\ \Omega$;

$R_2 = 10\ \Omega$;

$\theta_1 = -45°$;

$\theta_2 = 0°$;

$\theta_S = 17°$;

Los fasores de las fuentes de corriente y voltaje:

$I_1 = 0.040 * (\cos(\theta_1 * pi/180) + i * sen(\theta_1 * pi/180))$;

$I_2 = 0.060 * (\cos(\theta_2 * pi/180) + i * sen(\theta_2 * pi/180))$;

$Vs = 15 * (\cos(\theta_S * pi/180) + i * sen(\theta_S * pi/180))$;

Solución:

Resuelvo el problema por el método de los nudos. El sistema de ecuaciones es:

(1/R1+1/Xc) V1 – (1/Xc) V2 = I1+I2 – (1/Xc) V1-(1/(R2+X$_L$)+1/Xc) V2 =-I2+Vs/(R2+ X$_L$)

Resolvemos por Cramer:

V1=det (b1)/det(a);

V2=det (b2)/det(a);

Donde

a = [1/R1+1/Xc -1/Xc;-1/Xc (1/(R2+X$_L$)+1/Xc)];

b1 = [I1+I2 -1/Xc;-I2+Vs /(R2+ X$_L$) (1 / (R2+ X$_L$)+1/Xc)];

b2 = [1/R1+1/Xc I1+I2;-1/Xc -I2+Vs / (R2+ X$_L$)];

Podemos ya obtener los valores de las corrientes por las ramas que nos faltan:

I3 = V1/R1; corriente por la resistencia R1

I4 = (V1-V2)/Xc; corriente por el condensador

I5 = (V2-Vs) / (X_L +R2); corriente que pasa por la fuente Vs.

Potencia de la fuente de I1:

S1=1/2*V1*I1'; VA esta es la potencia compleja, I1' es el complejo conjugado del fasor de la corriente I1.

P1=1/2* modulo (V1)*módulo (I1)*cos (fase (V1)-fase (I1));W

Q1=1/2* módulo (V1)*módulo (I1)*sen (fase (V1)-fase (I1));VAR

modS1 = módulo (S1); VA la potencia aparente.

Potencia de la fuente de I2

S2=1/2*(V1-V2)*I2';VA

P2=1/2*módulo (V1-V2)*módulo (I2)*cos (fase (V1-V2)-fase (I2));W

Q2=1/2*módulo (V1-V2)*módulo (I2)*sen (fase (V1-V2)-fase (I2));VAR

modS2=módulo (S2);VA

Potencia de la fuente de Vs

Ss = 1/2*Vs*(-I5)'; VA la corriente I5 tiene valor negativo por lo que va en sentido contrario por eso es negativa.

Ps = 1/2*módulo (Vs)*módulo (I5)*cos (fase (Vs)-fase (-I5));W

Qs =1/2*módulo (Vs)*módulo (I5)*sen (fase (Vs)-fase (-I5));VAR

modSs = módulo (Ss);VA.

Potencia en Xc

Sc=1/2*(V1-V2)*I4';

Pc=1/2*módulo (V1-V2)*módulo (I4)*cos (fase (V1-V2)-fase (I4));
%W

Qc=1/2*módulo (V1-V2)*módulo (I4)*sen (fase (V1-V2)-fase (I4));
%VAR

modSc = módulo (Sc); %VA.

Potencia en XL

SL = 1/2* XL *(I5)*(I5)' ;VAR

Pl = 0 W

Ql = 1/2*módulo (XL)*(módulo (I5))^2;VAR

modS L =módulo (SL);VA

Potencia en R1

Sr1=1/2*R1*I3*I3';

Pr1=1/2*módulo (R1)*(modulo (I3))^2;

Qr1=0;

modSr1=módulo (Sr1);VA.

Potencia en R2

Sr2=1/2*R2*I5*I5';VA

Pr2=1/2*modulo (R2)*(modulo (I5))^2;W

Qr2=0;VAR

modSr2=módulo (Sr2);VA.

Equivalente Thévenin

Desconectando las fuentes tenemos que:

$Zth=R1+Xl+Xc;$

La tensión en los terminales con circuito abierto en ab es:

$Vab =+I1*R1-I2*Xc-Vs;$

Caída de tensión en la resistencia:

$R2*I5;$

Y mediante el circuito de Thévenin lo podemos calcular de la siguiente forma (tener en cuenta que es un divisor de tensión):

$Vr2\_th=Vab*R2 / (Zth+R2);$

$Ir2\_th=Vab / (Zth+R2);$

<u>Potencia en resistencia R2</u>

$Sthr2=1/2*Vr2\_th*Ir2\_th';$

Potencia máxima ocurre cuando la impedancia que ponemos en los terminales ab es igual al complejo conjugado de la impedancia de Thévenin:

$Vr2\_thmax=Va*Sah' / (Zth+Zth');$ Tensión.

$Ir2\_thmax=Vab / (Zth+Zth');$ Corriente.

$Sthr2\_max=1/2*Vr2\_thmax*Ir2\_thmax';$

La potencia máxima es la potencia en la impedancia Zth'.

---

4) En una instalación industrial se mide un factor de potencia de 0,7. Se pide calcular la batería de condensadores necesaria para mejorar el factor de potencia hasta 0,9 conociendo los siguientes datos de dicha instalación: potencia instalada 15 kW;

frecuencia 50 Hz; tensión entre fases 380 V. Calcular asimismo la corriente por la línea antes y después de mejorar el factor de potencia.

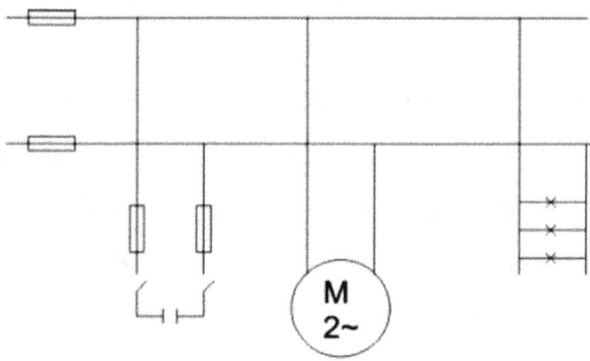

Solución:

$$\varphi = ar\cos 0,7 = 45,57°$$
$$\varphi' = ar\cos 0,9 = 25,84°$$
$$Qc = P\tan\varphi - P\tan\varphi' = 15000*1,02 - 15000*0,484 = 8037 VAR$$
$$Xc = \frac{380^2}{8037} = 17,96\Omega$$
$$C = \frac{1}{2\pi 50 * 17,96} = 1,77*10^{-4} F$$
$$I = \frac{15000}{380*0,7} = 56.4 A$$
$$I = \frac{15000}{380*0,9} = 43,8 A$$

5) Resolver un mismo circuito, por mallas, de 2 maneras diferentes, y por nudos.

Antes de empezar simplificamos el circuito todo lo posible.

⇨ Recordar que en régimen estacionario en continua la tensión en las inductancias es 0 (se comportan como un cortocircuito) y la corriente en los condensadores es nula (se comportan como un circuito abierto).

⇨ En el circuito del problema, donde hay una bobina la sustituimos por un cable sin resistencia (V_L=0) y eliminamos del circuito el cable donde están los dos condensadores (I_C=0).

Planteamiento 1 (MALLAS):
Elegimos las tres mallas dibujadas. El punto de referencia V=0 nos viene dado por el enunciado del problema (si no fuera así elegiríamos el que quisiéramos, para el método de mallas no es necesario definir dicho punto).

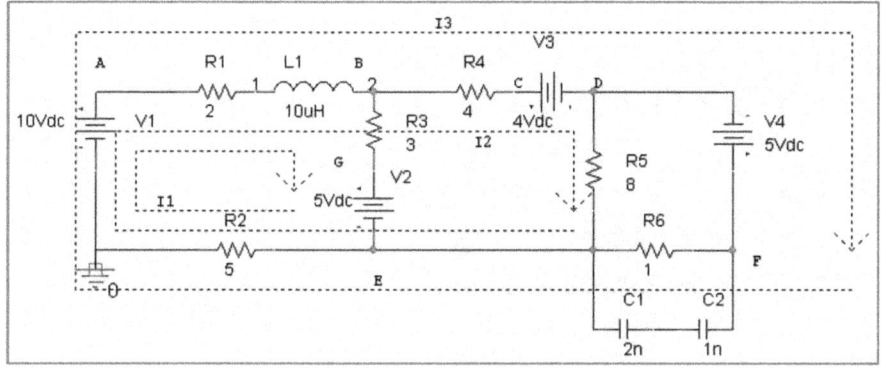

Planteando el circuito así se tiene:

Malla 1:

$$0 = R_2(I_1+I_2+I_3) - V_1 + R_1(I_1+I_2+I_3) + R_3 I_1 + V_2 =$$
$$10I_1 + 7I_2 + 7I_3 - 5$$

Malla 2:

$$0 = R_2(I_1+I_2+I_3) - V_1 + R_1(I_1+I_2+I_3) + R_4(I_2+I_3) +$$
$$V_3 + R_5 I_2 = 6 + 7I_1 + 19I_2 + 11I_3$$

Malla 3:

$$0 = R_6 I_3 + R_2(I_1+I_2+I_3) - V_1 + R_1(I_1+I_2+I_3) + R_4$$
$$(I_2+I_3) + V_3 - V_4 = -11 + 7I_1 + 11I_2 + 12I_3 = 0$$

Solución:

$I_1 = -0.1955A;$

$I_2 = -0.4452A;$

$I_3 = 1.4388A$

Una vez conocidas las intensidades en las mallas, podemos obtener las tensiones en cualquier punto del circuito:

$V_A = 10V$;

$V_B = V_A - 2 * (I_1 + I_2 + I_3) = 8.4038V$;

$V_C = V_B - 4 * (I_2 + I_3) = 4.4293V$

$V_D = V_C - 4 = 0.4293V$;

$V_E = 5 * (I_1 + I_2 + I_3) = 3.9905V = V_D - 8I_2$

$V_F = V_D + 5 = 5.4293V = V_E + I3$;

$V_G = V_E + 5 = 8.9905V = V_B - 3I1$

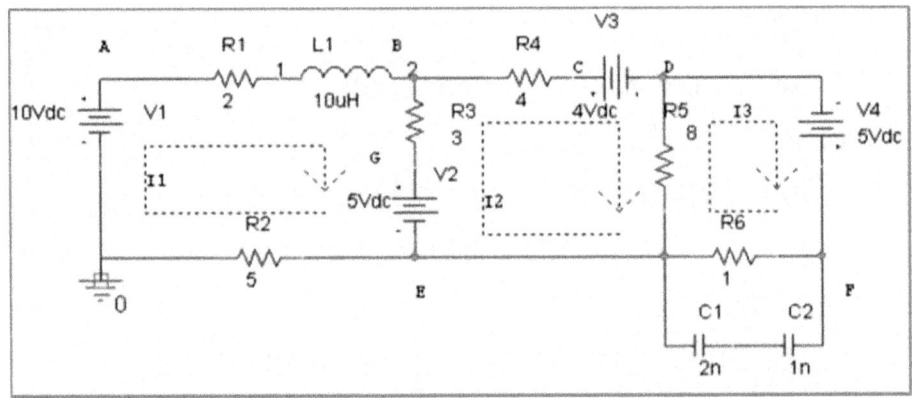

Malla 1: $5 - 10I_1 + 3I_2 + 0I_3 = 0$

Malla 2: $1 + 3I_1 - 15I_2 + 8I_3 = 0$

Malla 3: $5 + 0I_1 + 8I_2 - 9I_3 = 0$

$I_1 = 0.7981A$;

$I_2 = 0.9936A$;

$I_3 = 1.4388A$

$V_A = 10$ V;

$V_B = V_A - 2I_1 = 8.4038$ V;

$V_C = V_B - 4*I_2 = 4.4293$ V

$V_D = V_C - 4 = 0.4293V$;

$V_E = 5*I1 = 3.9905\ V = V_D - 8(I_2 - I_3)$
$V_F = V_D + 5 = 5.4293\ V = V_E + I_3;$
$V_G = V_E + 5 = 8.9905\ V = V_B - 3(I_1 - I_2)$

Planteamiento 3. Nudos:

En el problema se nos marca como masa (punto de potencial 0) un punto del circuito que no es un nudo.

Para resolver por el método de nudos, se ha de escoger un nudo de referencia. Sea éste, por ejemplo, el nudo E de momento, asignaremos provisionalmente a este nudo el potencial 0.

Cuando acabemos de resolver ajustaremos los potenciales teniendo en cuenta el punto que realmente se nos dice que ha de ser el 0.

En el circuito existen, aparte del punto E, otros 2 nudos, el B y el D. Escribamos las ecuaciones de nudos para ellos. Para ello, se plantea que la suma de corrientes saliente de cada nudo ha de ser 0.

Nudo B: $(V_B-10)/7 + (V_B-5)/3 + (V_B-(V_D+4))/4 = 0$
Nudo D: $((V_D+4)-V_B)/4 + V_D/8 + (V_D+5)/1 = 0$

Resolviendo

$V_B = 4.4134V$;

$V_D = -3.5612V$;

$I_{BaA} = (V_B-10)/7 = -0.7981A$;

$I_{BaE} = (V_B-5)/3 = -0.1955A$;

$I_{BaD} = (V_B-(V_D+4))/4 = 0.9936A$;

$I_{DaE} = V_D/8 = -0.4452A$;

$I_{DaF} = (V_D+5)/1 = 1.4388A$.

Como se ve, estas corrientes coinciden con las que antes habíamos calculado por el método de mallas.

Para calcular el resto de tensiones:

V del punto marcado como 0 en el circuito = $V_{nudo\_referencia} + 5\ I_{BaA} = 0 + 5\ I_{BaA} = -3.9905V$ ⇨ El punto que debería tener 0 sale -3.9905 V ⇨ Todos las tensiones que hemos calculado por nudos están, en este problema, 3.9905 V por debajo de lo que deberían.

Por tanto, el valor correcto de V_B será:

$V_B = 4.4134 + 3.9905 = 8.4039V$.

El correcto de V_D será:

$V_D = -3.5612 + 3.9905 = 0.4293V$. Como vemos, sale lo mismo que antes. A partir de estas tensiones y, como conocemos las corrientes, se pueden calcular el resto de tensiones en el circuito. Para el método de nudos escogimos como nudo de referencia un punto (el E) que no era el que debería tener valor 0 pero se hizo así para sólo tener que plantear un sistema de 2 ecuaciones, ya que al forzar $V_E = 0$ V sólo hay que calcular la tensión de los otros 2 nudos. Para las corrientes sólo nos interesa que las diferencias de potencial, no los potenciales absolutos, sean correctas. Por eso todo nos salió bien. La única corrección que hay que hacer al final es sumar o restar a todos los potenciales el valor adecuado para que salga 0 donde tiene que salir. Sumar una misma tensión a todos los puntos lógicamente mantiene las diferencias de potencial entre ellos. Es como cambiar el punto que consideramos de altura 0 en un lugar determinado; las alturas relativas entre los puntos se mantienen.

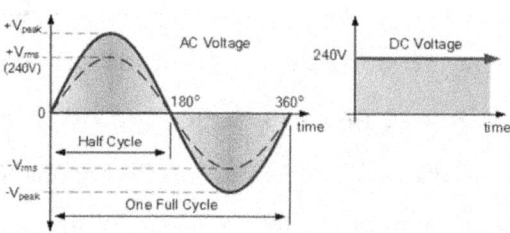

Problemas circuitos trifásicos

1) Tres bobinas de resistencia 10 Ω y coeficiente de autoinducción 0,01 H cada una se conectan en estrella a una línea trifásica de 380 V, 50 Hz. Calcular: a) Tensión de fase. b) Impedancia de fase. c) Intensidad de fase y de línea. d) Ángulo de desfase entre tensión e intensidad de fase. e) Potencia activa, reactiva y aparente consumida.

Solución:
220V;
10,48Ω;
21A;
17,43°;
13187W,
4142VAR,
13822VA.

---

2) A una línea trifásica de tensión alterna senoidal de 220 V, 50 Hz, se conecta en triángulo un receptor que tiene en cada fase una resistencia de 30 Ω, reactancia de autoinducción 35 Ω y reactancia de capacidad 75 Ω en serie. Calcular: a) Intensidad de línea. b) Factor de potencia. c) Potencia activa consumida.

Solución:
7,62A;
0,6;
1742,4W

---

3) A una línea trifásica de tensión compuesta o de línea 380 V y frecuencia 50 Hz, se conectan dos receptores: El primero consume una intensidad de línea de 23A con factor de potencia 0,8 inductivo. El segundo es un motor que suministra una potencia de 5CV, con un rendimiento del 86% y factor de potencia 0,85 inductivo. Calcular: a) Potencia activa, reactiva y aparente que consume el primer receptor. b) Potencia activa, reactiva y aparente que consume el motor. c) Intensidad de línea que consume el motor. d) potencia activa, reactiva, y aparente total. e) Intensidad total que suministra la línea a los receptores.

Solución:
12110,5W;
9082,87VAR;
15138,12VA;
4279,1W;
2652,12VAR;
5034,24VA;

7,65A;

16389,6W;

11734,99VAR;

20172,36VA;

30,65A

---

4) Tres generadores de 230 V están conectados en una configuración de estrella para generar energía eléctrica trifásica. La carga consiste en tres impedancias equilibradas, $Z_L=2,6+j1,8\Omega$ conectadas en triángulo. Calcular: a) Determinar la corriente de línea que mediría un amperímetro. b) Determinar la potencia aparente. c) Determinar la potencia real cedida a la carga. d) ¿Cuál es el ángulo de fase entre I_A y V_{AB} suponiendo rotación ABC?

Solución:
218 ∠ -34,7°A;
151kVA;
124kW; -64.7°

5) El voltaje entre A y N es de 120 V. Sea este voltaje la referencia de fase. La impedancia de fase es 6,2+j2,7=6,76∠23.5°Ω. Calcular: a) V_{AB} como fasor. b) ¿Cuál sería la corriente de la línea medida por un amperímetro? c) ¿Cuál es la potencia aparente? d) ¿Cuál es la potencia real?

Solución:
120√3∠+30°V;
17.7 A;
6390VA;
5860W.

---

6) La resistencia de la red de distribución es 0,1Ω. Una carga trifásica triangular equilibrada de resistencia 21Ω se conecta a una fuente de tensión trifásica de 208V. Calcular: a) La potencia total que sale de la fuente, incluyendo la línea y la carga. b) Las pérdidas en la línea. c) La eficiencia de la red de distribución.

Solución.
6093,5W;
85,82W;
98,6%.

7) Tenemos un circuito trifásico conectado en triángulo. La fuente de tensión trifásica es de 440 V. Se sabe que P=15kW y S=18kVA. Calcular: a) Factor de potencia de la carga.
Supóngalo atrasado. b) La corriente de línea eficaz. c) La magnitud de la impedancia de fase. d) La potencia reactiva entregada a cada impedancia de fase.

Solución:
0,833;
23,62A;
32,26Ω;
3,32kVAR.

---

8) Calcula la capacidad de los condensadores para corregir el factor de potencia de 0,7 a 0,9 de un motor trifásico con una potencia de 2,5KW conectado a una red de 400V/50Hz. Calcular la corriente consumida en la instalación antes y después de acoplarse los condensadores.

Solución:
8.95µF,
5.15A,
4.01ª

9) Transformar los circuitos (a) y (b) de estrella a triángulo:

Solución:

(a) $Z_\Delta = 36\Omega$;

(b) $Z_{ab} = 19/4\Omega$;

$Z_{bc} = 19/3\Omega$;

$Z_{ac} = 19\Omega$

---

10) Tenemos una línea trifásica de tensión alterna senoidal equilibrada de secuencia directa de 220V, 50Hz. Se conecta en triángulo un receptor que tiene en cada fase una resistencia de 30Ω, reactancia de autoinducción 35Ω y reactancia de capacidad 75Ω en serie.

Calcular: a) Valor eficaz de la Intensidad de fase. b) Factor de potencia. c) Potencia activa consumida. d) Valor de las tres tensiones de línea y de fase. e) Las tres intensidades de fase.

Solución:
(a) IF=13,2A;
(b) PF=0,6;
(c) P=1742,4W,
(d) VR=220 /0°;
VS= 220/-120°;
VT=220/+120° (Nota: en Δ ⇨VF=VL),
(e) I1=IRS=13,2/53°A;
I2=IST=13,2 / -67°A,
I3=ITR=13,2/173°
A= 13,2 /-183°A

---

11) Tenemos tres cargas idénticas conectadas en triángulo. La fuente de tensión trifásica ideal que alimenta dichas cargas es de 440 V. Se sabe que la potencia total consumida por las cargas es P=15 kW y S= 18 kVA.

Calcular: a) Factor de potencia de la carga. Supóngalo atrasado. b) La corriente de línea eficaz.

c) La magnitud de la impedancia de fase. d) La potencia reactiva entregada a cada impedancia de fase.

Solución:

(a) 0,833

(b) I_L=23,62A

(c) Z=32,26Ω

(d) Q=3,32kVAR.

---

12) Tres bobinas de resistencia 10 Ω y coeficiente de autoinducción 0,01 H se conectan en estrella a una línea trifásica de 380 V, 50 Hz. Calcular el valor eficaz de: a) la tensión de fase y la intensidad de fase y de línea. b) la Impedancia de fase. c) Ángulo de desfase entre tensión e intensidad de fase. d) Potencia activa, reactiva y aparente consumida.

Solución:

(a) 220V; 21A,

(b) 10,48Ω,

(c) 17,43°,

(d) P=13187 W, Q=4142 VAR, S=13822 VA.

13) Si la línea proporciona un sistema trifásico de tensiones de secuencia directa ¿Cuánto valen las tres tensiones de fase? ¿Y las tres intensidades de línea?

Solución:
VA=380/0°),
V (fase)=220/30°;
220/-90°;
220/+150° V,
I (línea)=21/12,57°;
21/-107,43°;
21/132,57°A

14) Si la línea proporciona un sistema trifásico de tensiones de secuencia inversa ¿Cuánto valen las tres tensiones de fase? ¿Y las tres intensidades de línea?

Solución:
VA= 380/0°) ⇨ V (fase)=220/-30°; 220/90°; 220/-150°V,
I (línea)=21/-44,43°; 21/75,57°; 21/-164,43°A

15) Tenemos un sistema trifásico equilibrado. El voltaje entre A y N es de 120V. Sea este voltaje la referencia de fase. La impedancia de carga es $Z=6,2+j2,7=6,76\angle 23.5°\Omega$. Calcular: a) V_{AB} como fasor. b) ¿Cuál sería la corriente de la línea medida por un amperímetro? c) ¿Cuál es la potencia aparente? d) ¿Cuál es la potencia real?

Solución:
$120\sqrt{3}\angle +30°$ V;
17.7 A;
6390 VA;
5860 W.

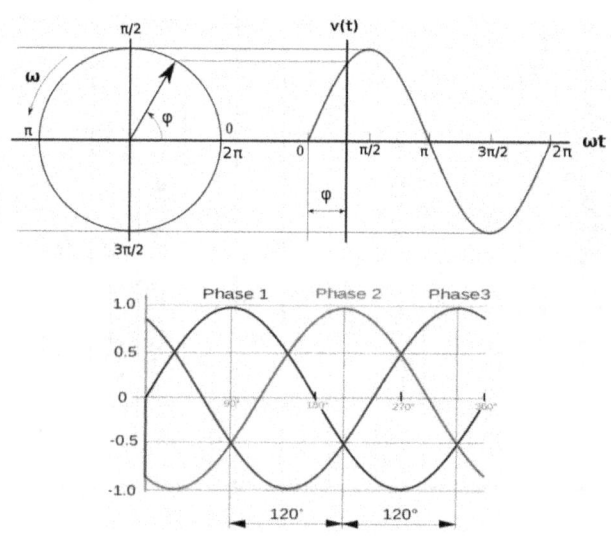

MAGNITUDES ELECTROMAGNÉTICAS		UNIDADES ELECTROMAGNÉTICAS (S. I.)	
Nombre	Símbolo	Nombre	Símbolo
Intensidad de Corriente	i	Amperio	A
Tensión	u	Voltio	V
Fuerza Electromotriz	e	Voltio	V
Potencia	p	Vatio	W
Energía	w	Julio	J
Flujo	Φ	Weber	Wb
Fuerza Magnetomotriz	F	Amperio Vuelta	Amp. Vuelta
Inducción magnética	β	Tesla	T (Wb/m)
Resistencia	R	Ohmio	Ω (V/A)
Inductancia	L	Henrio	H (Wb/A)
Carga	q	Culombio	C
Capacidad	c	Faradio	F (C/V)

Bibliografía

A.F.Kip, *Fundamentos de Electricidad y Magnetismo.*

Carlson, A. Bruce, *Teoría de circuitos: ingeniería, conceptos y análisis de circuitos eléctricos lineales.*

D'Addario Miguel, *Automatismo Industrial.*

D'Addario Miguel, *Electricidad básica.*

D.K.Cheng, *Fundamentos de electromagnetismo para ingeniería.*

Duncan Glover, J. y Sarma, M., *Sistemas de Potencia. Análisis y Diseño.*

Edminister, N., *Circuitos Eléctricos.*

Sears, Zemansky, Young, Freedman, *Física Universitaria.*

Fitzgerald Higginbothon, *Fundamentos de Ingeniería Eléctrica.*

Paeg, *Corrección del factor de potencia cos φ.*

Rieger, *Potencia y trabajo de la corriente alterna.*

Skilling, *Circuitos en Ingeniería Eléctrica.*

Weiske, *Corriente trifásica.*

Foto portada: *Math Equations,* Wallpapersafari.com.

Ingeniería eléctrica
Teoría de circuitos

Ing. Miguel D'Addario

Ingeniería eléctrica · Teoría de Circuitos · *Ing. Miguel D'Addario*

Primera edición
CE
2017

www.ingramcontent.com/pod-product-compliance
Lightning Source LLC
Chambersburg PA
CBHW071417180526
45170CB00001B/137